猕猴桃病虫害
原色图谱与防治技术

龚国淑　李　庆　张　敏　崔永亮　等　编著

科 学 出 版 社
北　京

内 容 简 介

本书共分三大部分。第一部分猕猴桃病害，包括侵染性病害和生理病害，详细描述了每种病害的症状、病原、发生规律和防治方法；第二部分猕猴桃虫害，详细描述了每种害虫的为害特点、形态特征、发生规律和防治方法；第三部分是附录，包括无公害猕猴桃园周年管理月历、猕猴桃丰产优质高效栽培技术、国家明令禁止及限制使用的农药、主要贸易国家和地区对猕猴桃出口的农残要求等。书中内容主要来自生产实践和科研成果，每种病虫害都配有彩色图谱，语言通俗易懂，技术可操作性强，兼具应用和学术价值。

本书可供广大猕猴桃种植者和技术人员参考，也可供农林科技工作者及管理人员的参考。

图书在版编目（CIP）数据

猕猴桃病虫害原色图谱与防治技术 / 龚国淑等编著. -- 北京：科学出版社，2020.2

ISBN 978-7-03-064173-1

Ⅰ.①猕… Ⅱ.①龚… Ⅲ.①猕猴桃－病虫害防治－图谱 Ⅳ.①S436.634-64

中国版本图书馆CIP数据核字(2019)第300761号

责任编辑：李小锐／责任校对：彭　映
责任印制：罗　科／封面设计：墨创文化

科学出版社出版

北京东黄城根北街16号
邮政编码：100717
http://www.sciencep.com

成都锦瑞印刷有限责任公司印刷
科学出版社发行　各地新华书店经销

*

2020年2月第　一　版　　开本：B5（720×1000）
2020年2月第一次印刷　　印张：11 3/4
字数：225 000

定价：98.00元

（如有印装质量问题，我社负责调换）

猕猴桃病虫害原色图谱与防治技术

编委会成员

主　编

龚国淑　李　庆　张　敏　崔永亮

副主编

吴翠平　涂美艳　陈华保　尚　静　丁　建

编　委（以姓氏笔画排列）

马　利　王朝政　方　莉　尹　勇　岁立云　朱宇航
任小平　刘　源　刘　璇　李治菲　杨　辉　何仕松
张　勇　张晋康　周　游　郑小娟　胡容平　祝　进
贾　琦　徐　菁　徐子鸿　唐合均　唐贵婷　黄秀兰
常小丽　谢文静　裴艳刚

前言

猕猴桃（*Actinidia chinensis*）是20世纪人工驯化栽培最成功的野生果树之一。猕猴桃属植物全世界有54个种、21个变种，共75个分类单元。中国是猕猴桃的原生中心，现全球广泛栽培利用的4个种（变种）均起源于中国，分别为美味猕猴桃（*A. delisiosa*）、中华猕猴桃（*A. chinensis*）、软枣猕猴桃（*A. arguta*）和毛花猕猴桃（*A. eriantha*）。

猕猴桃富含维生素C，被誉为“水果之王”，深受消费者喜爱。我国的猕猴桃商业栽培和科研起步较晚（始于1978年），但因果品市场需求量大、售价高，产业发展迅猛。据统计，2016年全国猕猴桃种植面积25万hm^2，产量240万t，小水果正逐步发展成大产业。但随着我国猕猴桃种植区域和栽培面积的不断增加，危害猕猴桃的病虫害种类也日益增多。近年来，已发现的猕猴桃病虫害有近60种，其中溃疡病、褐斑病、灰霉病、果实软腐病、黑斑病、根结线虫病、根腐病、介壳虫、金龟子、叶蝉、叶螨、斜纹夜蛾等在我国大部分种植区都有发生，尤以溃疡病、褐斑病、桑白蚧危害最严重，给果农造成的经济损失惨重。一直以来，我国对于猕猴桃病虫害方面的研究较为薄弱，缺乏能有力指导生产实践的猕猴桃病虫害识别图谱及综合防控技术体系，广大种植者对病虫害的认识极度缺乏，尤其对溃疡病、褐斑病、桑白蚧等严重病虫害的防控无从下手，严重制约了我国猕猴桃产业的健康持续发展。

作者团队经过十余年深入调查和系统研究，积累了大量第一手资料，尤其在溃疡病、褐斑病等重大病害的病原特性、发生流行规律及综合防控技术上取得了重要进展。全书共收集猕猴桃病虫害种类 50 多种，分别系统描述了每类病害或虫害的发生原因、发生规律及综合防控技术，将许多原创性研究成果融入到了每个部分。此外，本书还附有猕猴桃栽培技术要点、病虫害和肥水管理月历以及国家禁止和限制使用的农药等。能为广大种植户提供理论和实践指导，也能为科技工作者提供一定学术参考。本书图文并茂，每种病虫害都有一至多幅原色图片，以便读者能够准确识别病虫害种类，也希望能指导广大猕猴桃种植者和技术人员正确防治病虫害。

在本书编写过程中，得到了许多同志的支持和帮助，引用了很多朋友提供的图片、国内外的文献和科研成果，在此深表感谢。作者在编著过程中，力求科学严谨，简便实用，但限于水平和资料收集范围，本书不能涵盖所有猕猴桃病虫害种类。另，书中难免存在疏漏之处，敬请读者和同行专家批评指正。

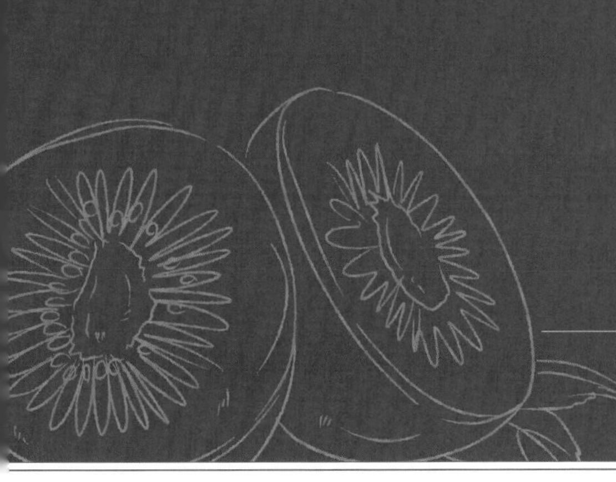

目录 CONTENTS

第一部分　猕猴桃病害

第二部分　猕猴桃虫害

第三部分　附 录

猕猴桃病害

第一部分

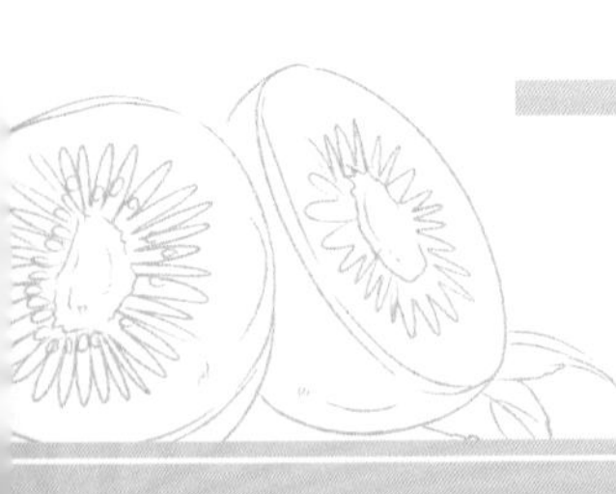

第 1 章

枝干病害

1.1 猕猴桃溃疡病
(Kiwifruit bacterial canker)

猕猴桃溃疡病是一种具毁灭性的细菌病害，几乎全球所有主产区都有发生，如新西兰、意大利、智利、韩国、日本、中国等。该病主要危害猕猴桃主干、枝蔓、叶片及花蕾，造成枝干溃烂、枝梢萎蔫、花蕾脱落、叶片枯死，最终整株死亡，直至毁园。猕猴桃溃疡病被视为猕猴桃的“不治之症”和全球猕猴桃产业发展的“瓶颈问题”。该病具有传播快、危害重、防治难度大等特点，其病原被列为我国森林植物检疫性有害生物。近十余年，随着我国猕猴桃种植面积的扩大和感病品种的大面积推广，猕猴桃溃疡病在全国大部分产区横行肆虐，流行年份各产区死树毁园的现象非常普遍。

1.1.1 症状

猕猴桃溃疡病主要危害猕猴桃主干、枝蔓，也危害新梢、叶片和花蕾等，多从枝蔓裂缝、剪口、皮孔、幼芽、叶痕及枝条分叉部位开始发病。

主干、枝蔓：病斑初期呈水渍状，潮湿时溃疡处产生乳白色或血红色菌脓，后病斑逐渐扩大，在寄主伤流期与伤流液混合后形成大量乳白色脓液，或红褐色脓水流出。病部组织逐渐变软，隆起，皮层与木质部分离，韧皮部

图 1-1　溃疡病发生初期的菌脓特征
（左：乳白色菌脓；右：红色菌脓）

变褐溃烂，木质部呈红褐色，后期组织松软腐烂，皮层纵向龟裂，阻碍植株水分和养分的运输，造成枝条、幼芽、花蕾、叶片干枯，严重时可环绕枝干导致地上部树体死亡（图 1-1 ～图 1-4）。

图 1-2　溃疡病枝干典型病状特征
（A：发病初期；B~D：盛发期；E：发病后期）

图 1-3　溃疡病导致的毁园现象

图 1-4 枝蔓不同伤口处的发病特征
(A: 实生苗剪口处; B: 修枝剪口处; C: 钢丝拉伤处; D: 受冻伤的芽眼处; E: 皮层裂缝处; F: 嫁接口处)

新梢: 感病新梢顶部变成水渍状，直至变成黑褐色，萎缩枯死（图 1-5）。

图 1-5 溃疡病导致的新梢枯死现象

叶片：叶片一般在4月上旬开始发病，新生叶片初侵染时出现褪绿小点，后发展为1～3mm不规则形或多角形的褐色病斑，病斑周围有明显的黄色晕圈。透过阳光在叶子背面病斑周围也可见明显的黄色晕圈。在适宜条件下，病斑迅速扩展并愈合连片，叶片大面积枯死，有时黄色晕圈不明显，潮湿时叶背出现乳白色黏液，最后导致整个叶片焦枯、卷曲（图1-6～图1-8）。

图1-6　叶片感病不同阶段的症状（品种：红阳）
（A：初期；B：中期；C：后期）

图1-7　不同品种叶片上的症状
（A：红阳；B：实生苗；C：海沃德；D：翠香；E：Hort16A）

图 1-8　雨后叶片病斑上的菌脓（解剖镜下观察）

花蕾：花蕾染病后，花蕾枯萎不能张开，变褐直至枯死，少数开放的花也难结果，即使结果，果实变小，易形成畸形果、落果。花器受害，花冠变褐呈水腐状，潮湿时分泌乳白色菌脓。花萼一般不受侵染或仅形成坏死小斑点（图 1-9）。

图 1-9　花蕾感病后的症状

1.1.2 病原

猕猴桃溃疡病病原菌为丁香假单胞菌猕猴桃致病变种（*Pseudomonas syringae* pv. *actinidiae*，PSA）。该变种全球已发现 6 种生物型，于中国发现的主要为第 3 类型（biovar-3），致病性最强。该菌为好气菌，菌体呈短杆状，革兰氏染色阴性，无荚膜，鞭毛单极生（1 ～ 3 根）；菌体生长最适温度为25 ～ 28℃，生长最高温度为 35℃，生长最低温度为 12℃以下；致死温度为55℃，10min；适宜生长的 pH 范围为 6.0 ～ 8.5，最适 pH 为 7.0 ～ 7.4。低温、强光照及高湿适于该病菌的生长。

溃疡病菌能够侵染猕猴桃属的多个种类，主要包括美味猕猴桃、中华猕猴桃、软枣猕猴桃、葛枣猕猴桃及大多数雄花品种。除此以外，也可侵染狗尾草、空心莲子草、紫花泡桐树、防护林木柳杉（*Cryptomeria japonica*）；人工接种表明，该病菌还可感染日本夏橙、无花果、桃、李、梨、杏、樱桃、樱花、梅花、桑树等，但不侵染玉米、高粱、番茄、马铃薯、黄瓜、丝瓜、油菜、白菜、胡萝卜、芹菜和葡萄等作物。

1.1.3 发病规律

1. 周年动态

一般每年 11 月至翌年 1 月主干、枝蔓开始发病，2 ～ 3 月为主干、枝蔓发病盛期。4 ～ 5 月病害主要侵染新梢、叶片、花蕾；枝干、枝蔓溃疡处

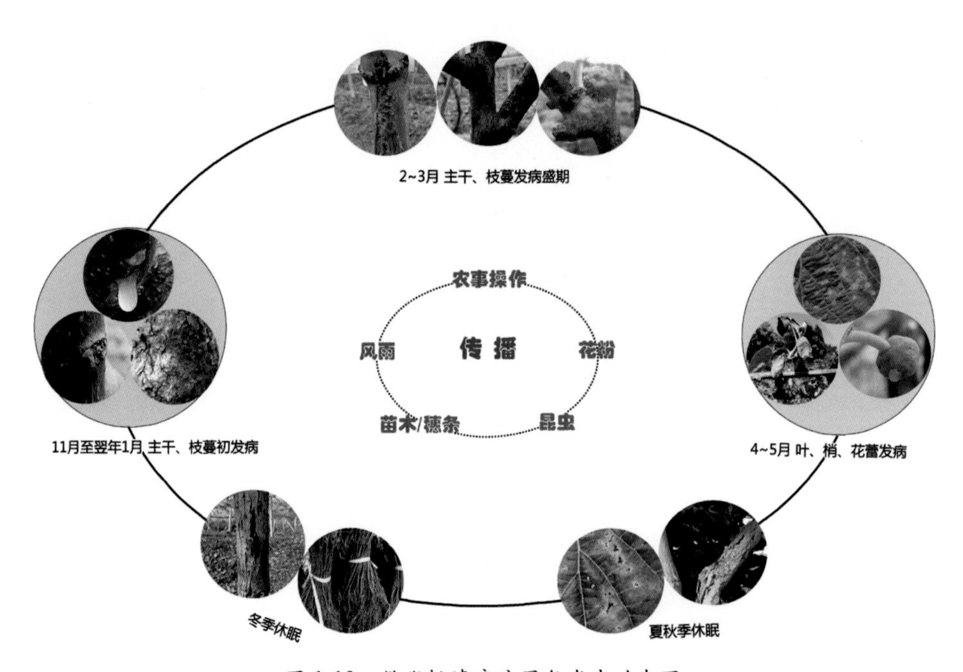

图 1-10　猕猴桃溃疡病周年发生动态图

组织腐烂失水后逐渐干缩，出现大量枯萎现象。6 ～ 10 月病害停止扩展，但未脱落叶片的病斑症状至 8 月仍可见，病菌可存活在组织内（图 1-10）。

2. 越冬越夏场所

猕猴桃溃疡病病原菌主要在病组织、野生猕猴桃上越冬越夏。一般来说，土壤耕作层、根、其他作物不是猕猴桃溃疡病病原菌主要的越冬（夏）场所。

3. 传播途径

猕猴桃溃疡病病原菌主要借风雨、昆虫、病残体、污染土壤、农事活动（嫁接、修剪、授粉、抹芽、摘心、绑蔓等）等进行近距离传播，通过苗木、接穗、花粉等进行远距离传播，主要从伤口、皮孔、气孔、水孔等侵入。适宜条件下，潜育期为 3 ～ 5d，从病部溢出的菌脓不断传播，扩展蔓延。一般是从枝干传染到新梢、叶片、再从叶片传染到枝干，周而复始，形成恶性循环。

4. 发病条件

（1）品种。中华系猕猴桃品种较美味系猕猴桃品种易感溃疡病，感病程度从高向低依次为红阳＞金果、金艳＞徐香、建香、翠香＞海沃德。红阳、金果等品种为高感溃疡病品种。

（2）温度和湿度。旬均温 10℃左右时，如遇暴风雨或连续阴雨天气，病害易流行；旬均温大于 16℃时发病趋缓或停止扩展。空气湿度 85% 时有利于病菌生长，耐旱力 7 ～ 10d。

（3）生育期。伤流期以枝蔓发病最严重，抽梢展叶期以新梢和叶片发病最严重。

（4）树龄、树势。幼树较抗病，5 年以后的成年结果树、负载量过大以及树势衰弱的树发病较重。

（5）海拔。海拔较高的丘陵区和山区，因果园易受低温、霜冻影响，发病早且持续时间长。四川海拔 800m 以上区域，种植感病品种病害易流行，成年果园常毁园，而海拔 500m 左右区域的果园一般发病较轻。

（6）地势。迎风面发病早而重；地势低洼、排水差、潮湿的果园发病重。

（7）栽培管理。栽培密度大、长期偏施氮肥、土壤有机质含量低、土壤偏酸性、滥用膨大素、修剪过晚和剪口处理不当等均有利于病害发生。

1.1.4 防治方法

坚持预防为主、统防统治的原则。综合利用一切有效的措施，通过提高猕猴桃植株抗性，消灭和阻止病原菌侵入以及创造不利于病害发生的小气候环境条件来控制溃疡病蔓延。

1. 加强检疫和检验，培育和栽植无病苗木

猕猴桃溃疡病菌为我国森林植物检疫性有害生物，虽然农业系统不施行检疫，但由于其危害具有毁灭性，各新区发展时要杜绝传入，严禁从猕猴桃溃疡病疫区购买苗木、砧木、接穗和花粉等，对所有材料进行产地检验和样品抽检，按照 PSA 检测流程进行检验，确认不带 PSA 后方可调入。病害流行区杜绝开放式参观，来往人员出入果园要进行消毒处理。在无病区建立接穗采集圃，培育无病苗木。

2. 科学选址建园，配套营建防风设施

新建猕猴桃园应选择不易发生冻害，土壤通透性和排灌条件良好且前茬未种植猕猴桃的地块，同时考虑背风面建园，或在迎风口营建防风林或防风墙阻止风雨传播扩散病菌。防风林带距猕猴桃栽植行 4 ～ 6m，栽植防风树 1 排或 2 排，行距 1.0 ～ 1.5m，株距 1.0m，成对角线方式栽植。树种选择速生而高达 10 ～ 15m 的常绿乔木，如松柏、天竺桂等，下面搭配灌木丛，如大叶黄杨、红叶石楠等，避免选择与猕猴桃有相同病虫害的树种。

3. 选用抗病品种或利用品种多样性防病

因地制宜选用适合当地种植的抗病优良品种，海拔 800m 以上的区域应选择美味系品种或软枣猕猴桃。面积超过 200 亩的规模化园区宜多品种组合栽培，搭配一定比例的高抗品种。

4. 采用避雨栽培控病

避雨栽培能有效阻断风、雨、霜的侵袭，避免雨水接触树体，通过创造不利于溃疡病发生的小气候环境条件控病。避雨栽培适用于溃疡病高发区，尤其是红阳品种种植区，与露天栽培相比，重灾年相对防效可达 90% 以上。避雨设施可根据立地条件和经济能力，选择稳定性好、使用寿命长、造价较高的钢架棚，或使用寿命短、造价低的竹木简易棚，配套完善喷滴灌设施和栽培技术措施。一般钢架大棚的跨度为 6 ～ 8m、高度为 3.8 ～ 4.5m，长度根据园地实际情况而定。简易大棚材料以木桩、竹竿、竹片为主，长度根据厢长度确定，顶高于生长面 1.5 ～ 2.0m，肩高 2.2m，棚宽 4 ～ 8m（图 1-11）。

图 1-11　简易避雨栽培钢架大棚

5. 科学修剪，及时护理剪口，促进提早愈合

伤流期尽量少动枝剪，做好伤流期后整个生长季节的抹芽、摘心、捏尖和疏枝工作，控制徒长枝、旺长枝，培育中庸枝，使枝蔓配置均匀。冬剪应在落叶后立即进行，落叶偏迟的区域或品种可适当提早冬剪时间，四川猕猴桃产区宜在 12 月底前完成修剪工作。严禁在雨天修剪，修剪后及时涂抹伤口保护剂促进伤口提早愈合，减少病菌侵入。每修剪完一株要对修剪工具进行消毒并替换工具，避免植株间交叉传染。冬剪结束后，可用加有杀虫杀菌剂的松尔液态膜或勃生肥均匀涂抹树干，减轻冬季冻伤和夏季日灼，同时可避免雨水直接冲刷树皮，降低感染机会（图 1-12）。

图 1-12　树干涂白

6. 平衡施肥，合理负载，健壮树势

以有机肥为主，增施微生物菌肥，减少氮肥用量，进行平衡配方施肥，增加土壤有机质含量，使土壤疏松，土壤团粒结构好。采果后及时施足追肥，果实膨大期喷施叶面肥补充营养。有机肥要充分腐熟，幼龄果园每年亩施有机肥 1500 ～ 2000kg，盛果期果园每年亩施有机肥 4000 ～ 5000kg；适当追施钾肥、钙肥、镁肥、硅肥、硼肥等有利于提高植物抗性的矿质肥料，生长后期控制氮肥的使用量。

根据种植品种特性和树龄树势确定适宜负载量，做好花前疏蕾、花期授粉、花后疏果。结合修剪创造良好的通风透光条件，促使树体营养生长与生殖生长平衡，健壮树势，增强植株抗病性。

7. 及时清除病残体，并采用分级处置技术治疗病株

冬季修剪后及时清除剪下的枝蔓、病虫枝、落叶等。对于病重植株或 3 年以内幼龄病株，宜连根整株清除，并进行树盘土壤消毒，及时补苗。对于发病较重的成年果园，宜在伤流期后根据不同的病情采用病株分级处置技术，锯除病枝蔓、病梢等，主干锯除的植株当年培养多个主蔓上架，并配套避雨栽培技术，次年病株率可降到极低水平，能快速恢复产量。对于较轻微的病斑应及时彻底刮除病斑及周围 1 ～ 2cm 的健康组织，刮口处一定要光滑整齐，再涂药抑制病菌扩展。农药有：石硫合剂、波尔多浆、梧宁霉素、噻霉酮、氢氧化铜、代森胺、甲基硫菌灵（膜泰）等。所有离树的病组织应集中焚毁或粉碎后深埋，减少果园带菌量。

8. 及时防虫，减少传播

利用杀虫灯、诱虫板、性诱剂等诱杀害虫，或安装防虫网等设施，减少昆虫造成的伤口和降低昆虫携带的菌源量，从而减轻病害的发生。

9. 抓住关键期进行药剂防治

冬剪至萌芽前、萌芽至幼果期、采果后、落叶后四个阶段是猕猴桃溃疡病化学防控用药的关键时期，在此期间应进行全园喷药防控，对主干、枝蔓、叶片等做到均匀施药。冬剪后和萌芽前（休眠期）各用药 1 次，药剂主要为 5 波美度石硫合剂或矿物油石硫合剂 150 倍液 + 有机硅 1500 倍液。萌芽后至幼果期（2 月下旬至 5 月，病害盛发期）视病情间隔 7 ～ 15d 用药一次，主

要针对主干、枝蔓、新梢、花蕾、嫩叶等。采果后和落叶后各施一次，可结合杀虫剂施用。药剂主要有 1.5% 噻霉酮水乳剂 600 ～ 800 倍液、0.15% 四霉素水剂 800 倍液、4% 春雷霉素水剂 600 ～ 1000 倍液、36% 喹啉 • 戊唑醇 1500 ～ 2000 倍、8% 春雷 • 噻霉酮水分散粒剂 1500 倍液、3% 中生菌素水剂 800 倍液等。为避免田间病原菌产生耐药性，建议轮换用药。

1.2 猕猴桃膏药病
（Kiwifruit plaster disease）

膏药病多出现在介壳虫危害重和土壤速效硼含量偏低（含硼 10mg/kg 以下）的猕猴桃种植园。高温高湿环境下发病较多，树冠郁闭、树势衰弱的老果园普遍发生。

1.2.1 症状

膏药病主要发生在 2 年生以上的枝干分岔处和一年生以上的枝蔓上，多在背阴面，与枝干粗皮、裂口等症状伴生。发病初期在枝干上形成一层白色的菌膜，表面光滑，圆形或椭圆形，扩展后中间褐色，边缘仍为白色或灰白色，最终变为深褐色、紫黑色、淡红色等，如膏药一样贴在枝干上。膏药状子实体衰老时往往发生龟裂，容易剥落，受害严重的树干早衰，枝蔓枯死（图 1-13）。

1.2.2 病原

猕猴桃膏药病的病原属于担子菌门的隔担耳属（*Septobasidium* spp.），是一类弱性寄生真菌。子实体灰白色、褐色、紫黑色、淡红色等，边缘白色，原担子圆形，担子从原担子上生出，上担子圆筒形，顶端尖基部平，担孢子无色，圆筒形或长卵形。

1.2.3 发病规律

膏药病菌以菌丝体或菌丝膜在病枝干越冬，借助气流与介壳虫传播（以介壳虫的分泌物为养料，与介壳虫相伴而生），在高温多湿条件下形成子实体。树体缺硼、介壳虫严重的果园，由于对膏药病菌的抗性较低，常发生严重膏药病。

1.2.4 防治方法

（1）农业防治。清除病枝，合理修剪以通风透光；萌芽至抽梢期根际土壤每平方米施1g硼砂，同时喷施0.2%硼砂液防治粗皮、裂皮、藤肿等现象。

（2）化学防治。刮除菌膜，涂抹3～5波美度石硫合剂，也可用1 ： 20生石灰浆涂抹伤口。

（3）防治蚧壳虫（参照蚧壳虫的防治方法）。

图1-13　猕猴桃膏药病田间症状

1.3 猕猴桃藤肿病
(Kiwifruit cane swollen)

1.3.1 症状

发生藤肿病后猕猴桃的主侧蔓中段突然增粗，呈上粗下细的畸形现象，有粗皮、裂皮，叶片泛黄，花果稀少，严重时裂皮下的形成层开始褐变坏死，具有发酵臭味，病株生长较慢甚至整株枯死（图 1-14）。

图 1-14 猕猴桃藤肿病田间症状

1.3.2 病原

根据文献记载，藤肿病主要由于树体缺硼所致。在猕猴桃生长季节中期，田间取样分析健康植株充分展开的叶片，硼的含量通常是每克干物质 50μg，液体培养和田间取叶分析结果表明，当充分展叶的最幼嫩叶片硼含量降到每克干物质 20μg 以下时，就会出现缺硼症状，引起藤肿病。

1.3.3 发病规律

藤肿病多发生在轻砂质土壤和有机质含量较低的土壤中，过量使用石灰可以降低土壤中含硼化合物的可溶性，从而诱发缺硼。

1.3.4 防治方法

（1）每年花期喷硼砂液 1、2 次（浓度 0.2%）。根际土壤施用硼肥，每隔 2 年左右，在萌芽至新梢抽生期（4 ～ 5 月）地面施用硼砂，每亩 0.5 ～ 1.0kg，将土壤速效硼含量提高到 0.3 ～ 0.5mg/kg，枝梢全硼含量达到 25 ～ 35mg/kg。

（2）合理增施磷肥和农家肥，利用磷硼互补的规律，保持土壤高磷（速效磷含量 40 ～ 120mg/kg）、中硼（速效硼含量达 0.3 ～ 0.5mg/kg）的比例。

1.4 猕猴桃菟丝子
(Kiwifruit dodder)

1.4.1 症状

猕猴桃苗期受菟丝子侵害时，枝条被寄生物缠绕而生缢痕，生育不良，树势衰落，严重时嫩梢和全株枯死。成株受到菟丝子侵害时，由于菟丝子生长迅速而繁茂，极易把整个树冠覆盖，不仅影响猕猴桃叶片的光合作用，而且营养物质被菟丝子夺取，致使叶片黄化易落，枝梢干枯，长势衰落，轻则影响植株生长，重则致全株死亡（图 1-15）。

图 1-15　猕猴桃受到菟丝子侵害

1.4.2 病原

菟丝子（*Cuscuta chinensis* Lam.）又名吐丝子、无娘藤、无根藤、萝丝子，为旋花科菟丝子属双子叶草本寄生性种子植物，是一种生理构造特殊的寄生植物，叶片退化呈鳞片状，没有叶绿体，无法进行光合作用。

1.4.3 发病规律

菟丝子种子成熟后落入土中休眠越冬，翌年 3 ～ 6 月温湿度适宜时萌发，幼苗胚根伸入土中，胚芽伸出土面，形成丝状的菟丝，在空中来回旋转，遇到适宜寄主就缠绕在上面，在接触处形成吸根伸入寄主。吸根进入寄主组织后，从寄主吸取养分和水分。当寄生关系建立后，菟丝子就和它的地下部分脱离，茎继续生长并不断分枝，以至覆盖整个树冠，一般夏末开花，秋季陆续结果，成熟后蒴果破裂，散出种子，落地越冬。

1.4.4 防治方法

（1）植物检疫。菟丝子为检疫性有害生物，调运苗木和接穗时应严格检疫。

（2）农业防治。①加强栽培管理。于菟丝子种子未萌发前进行中耕深埋，使之不能发芽出土（一般埋于土表 3cm 以下便难于出土）。②人工铲除。春末夏初，一旦发现菟丝子立即铲除，或连同寄生受害部分一起剪除，由于其断茎有发育成新株的能力，故剪除必须彻底，剪下的茎段不可随意丢弃，应晒干并烧毁，以免再传播。在菟丝子发生普遍的地方，应在其种子未成熟前将其彻底拔除，以免成熟种子落地，增加翌年侵染源。

第2章

叶部病害

2.1 猕猴桃褐斑病
(Kiwifruit brown spot)

猕猴桃褐斑病又称猕猴桃棒孢叶斑病、猕猴桃早期落叶病，是很多猕猴桃产区仅次于溃疡病的第二大病害。该病害主要引起叶片早落，严重影响当年的品质和次年的产量（图 2-1）。流行年份成年果园至采果期病叶率为 90% ～ 100%，有些果园功能叶几乎全部掉光，果实严重失水皱缩，提前软化，丧失商品性。至 9 月底，全园 90% 以上的枝条提前萌发秋梢，次年结果的花芽损失 30% 以上，导致产量损失高达 15% ～ 50%，果实干物质积累量低、可溶性固形物不足、耐贮性差等品质问题十分突出，连年恶性循环，树势逐年衰弱、产量低、品质差，甚至毁园。

图 2-1　猕猴桃褐斑病造成的早期落叶

2.1.1 症状

褐斑病主要危害叶片，初期病斑呈圆形、褐色，边缘有褪绿晕圈（图 2-2），病斑典型症状为中央灰白、边缘褐色，具有明显的轮纹，呈靶点状（图 2-3）。

图 2-2　猕猴桃褐斑病初期症状
（左：红阳；右：金艳）

图 2-3　猕猴桃褐斑病典型症状
（左：正面；右：反面）

在高温多雨高湿条件下，病斑由褐变黑，迅速扩展，单个病斑直径 2 ～ 3cm，叶背形成大量灰黑色霉层。后期常多个病斑愈合（图 2-4），叶片变黄，提早脱落，故又称为早期落叶病。猕猴桃褐斑病的症状田间表现常呈现出多种多样的特征，在不同叶龄、不同品种以及不同发病阶段的表现略有差异，但共同的特征为：病斑褐色，后期病斑中央的颜色比边缘浅，呈靶点状（图 2-5）。

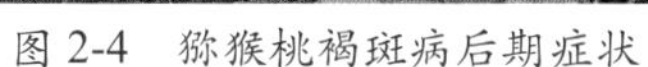
图 2-4　猕猴桃褐斑病后期症状

图 2-5　不同猕猴桃品种的褐斑病症状

另需注意：秋梢嫩叶感病田间易与溃疡病混淆。它们共同的特征是初期病斑很小，褐色，边缘褪绿，晕圈明显，褐斑病病斑近圆形，边缘比较规则，而溃疡病病斑一般不规则，且不易在晚秋时期出现叶片症状（图 2-6）。

图 2-6　猕猴桃秋梢褐斑病（左）与猕猴桃溃疡病（右）症状区分

2.1.2 病原

猕猴桃褐斑病的病原为多主棒孢菌 [*Corynespora cassiicola* (Berk. & Curt.) Wei]。该菌在 PDA 培养基上菌丝生长茂盛，且向上隆起，菌落中央呈绿褐色，外围为灰绿色（图 2-7A）。

在病斑表面有大量分生孢子梗和分生孢子。分生孢子梗直立，棕色至深棕色，单生或群集在病叶的正面和背面，不集结为孢梗束或分生孢子座，顶端有 2 ～ 9 个圆柱状的层出梗，层出梗宽 4 ～ 11μm，长 110 ～ 850μm，顶端略膨大。产孢细胞环痕处膨大，环痕间距长。分生孢子直立，单生，也有 2 ～ 7 个分生孢子呈串状着生在梗的顶端，圆柱形、线形或梭形，半透明至浅褐色，正直或弯曲，表面光滑，大小为（69.8 ～ 228.2）×（4.0 ～ 20.2）μm，1 ～ 15 个假隔膜，脐点有明显的增厚（图 2-7B）。

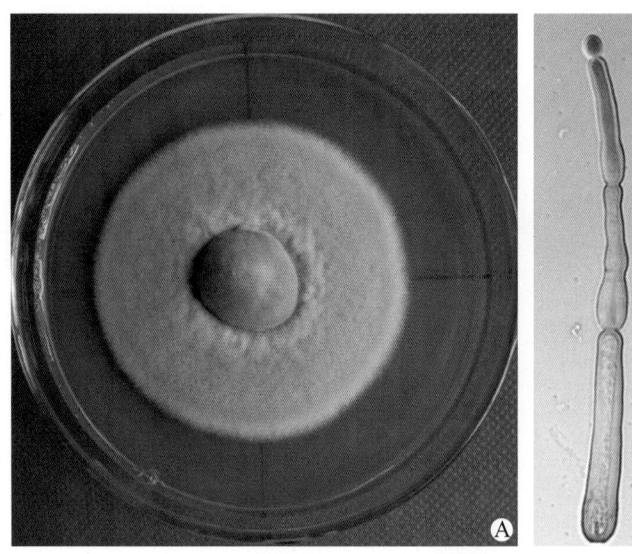

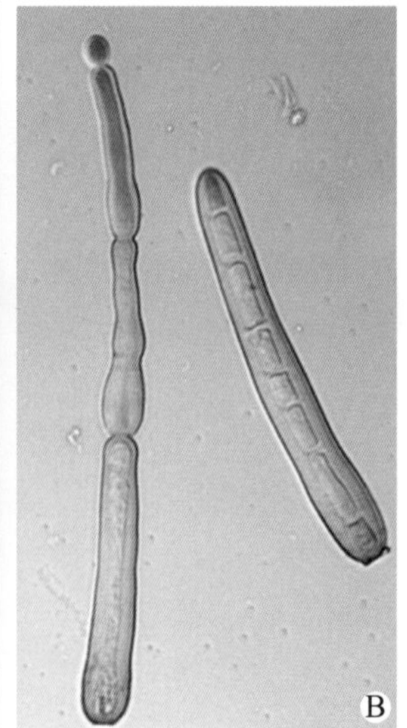

图 2-7　多主棒孢菌形态特征
（A：菌落；B：分生孢子）

多主棒孢菌菌丝的生长温度为 10 ～ 35℃，最适生长温度为 25 ～ 30℃，最适 pH 为 6，相对湿度 98％以上有利于孢子萌发；菌株在 25℃左右，pH 为 6 时产孢量达到最大，最适产孢培养基为 PDA 培养基，光暗交替条件下，能够提高产孢量。

多主棒孢菌的寄主范围广泛，包括黄瓜、茄子、四季豆、扁豆、番茄、豇豆、蓝莓、甘薯、金银花、草莓等作物，危害症状也不尽相同，但总体呈靶点状（图 2-8）。应尽量避免在果园附近种植上述作物，防止交叉侵染。

图 2-8　多主棒孢菌侵染其他植物的症状特征
（A：扁豆；B：红薯；C：草莓；D：金银花；E：蓝莓）

2.1.3 发病规律

褐斑病病原菌主要在落叶上越冬，来年形成分生孢子通过气流传播，从气孔或直接侵入，田间病斑上不断形成分生孢子进行再侵染。该病害属多循环病害，整个生长季节病害流行曲线呈“S”形，始发期在 6 月底至 7 月初，盛发期在 7 月中旬至 8 月下旬，8 月中旬左右病斑扩展到整个叶片，叶片衰老，枯死脱落。提早落叶的果园秋梢叶片还可被危害，产生新一轮侵染高峰，直到 10 月底病害的发展才逐渐趋于缓慢。果园周边黄瓜、茄子、四季豆、豇豆、番茄、蓝莓、红薯、杂草等植物上的同种病菌也能侵害猕猴桃，也是病害在田间辗转危害的侵染源（图 2-9、图 2-10）。褐斑病的发生与猕猴桃品种的抗性关系密切，红阳为高感品种，抗性较好的品种有龙山、丰悦、魁蜜、流星、华光 3 号、金艳、武植 3 号、米良 1 号、金丰、Hort16A 等（表 2-1）。高温高湿、果园郁闭、积水等有利于病害的扩展和蔓延。

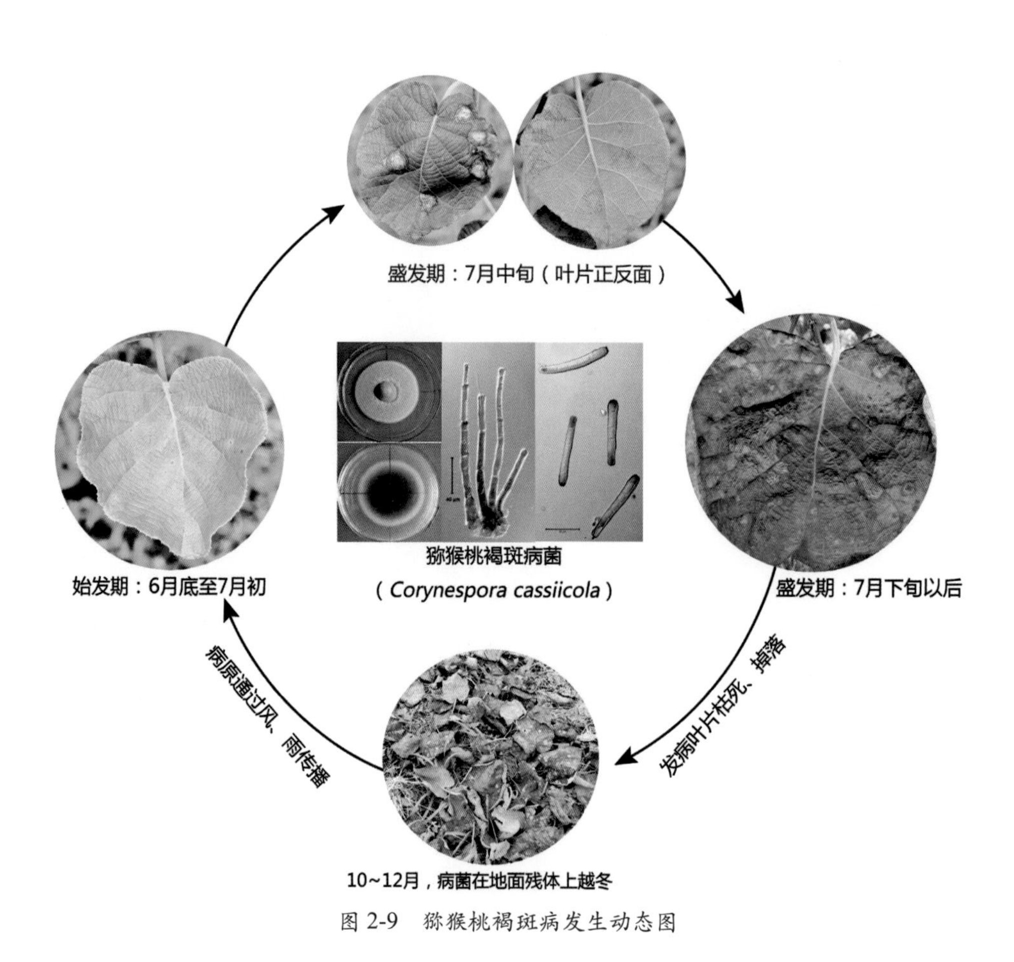

图 2-9　猕猴桃褐斑病发生动态图

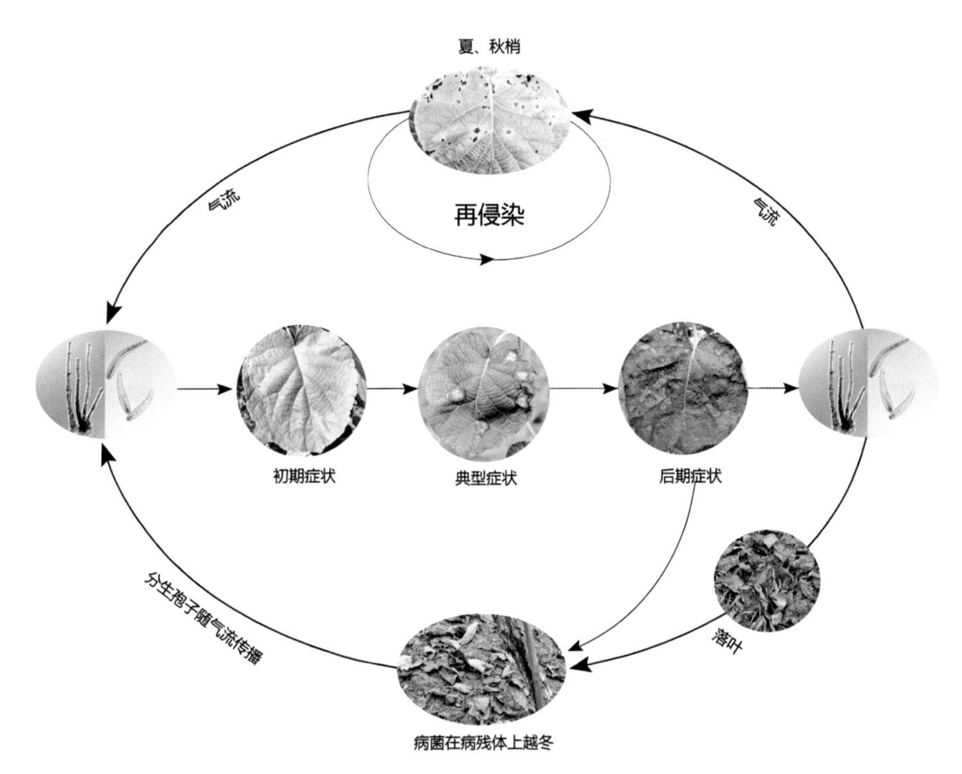

图 2-10 猕猴桃褐斑病病害循环图

表 2-1 不同猕猴桃品种对褐斑病的抗性表现

品种	病情指数	抗性评价	品种	病情指数	抗性评价
龙山	2.93	高抗	华光 3 号	10.92	抗
丰悦	5.34	高抗	桂海 4 号	11.43	抗
魁蜜	6.73	高抗	金艳	11.53	抗
米良 1 号	6.87	高抗	翠玉	13.58	抗
楚源	9.45	抗	金桃	11.53	中抗
金丰	9.58	抗	金霞	29.98	感
武植 3 号	10.15	抗	金农 1 号	50.79	高感
宝贝星	10.36	抗	红阳	78.87	高感
Hort16A	10.85	抗			

2.1.4 防治措施

（1）农业防治。冬季清园，清除枯枝落叶；尽量避免在猕猴桃果园种植共同的寄主植物，如豇豆、四季豆、黄瓜、扁豆、草莓、蓝莓、红薯等；平衡施肥，合理整形，适度挂果，增强树势。避雨栽培也能显著抑制病害的发生。

（2）选用抗病品种。合理规划园区内的猕猴桃品种，适当选择一些中抗或高抗品种搭配种植，一般绿肉型和黄肉型品种比红肉型品种抗病。

（3）药剂防治。冬季或萌芽前，全园喷施 3 ～ 5 波美度石硫合剂减少褐斑病的越冬菌源。每年 6 月底至 7 月初，根据气温和湿度的变化，进行药剂防控，一般轮流使用药剂 3 次左右，采果后继续用 1、2 次。推荐使用 42.4% 唑醚 • 氟酰胺悬浮剂 2000 ～ 3000 倍液、25% 嘧菌酯悬浮剂 1500 倍液、17% 唑醚 • 氟环唑悬乳剂 1500 倍液、30% 吡唑醚菌酯 • 戊唑醇悬浮剂 1500 ～ 2000 倍液、42.8% 氟吡菌酰胺 • 肟菌酯悬浮剂 2500 倍液、35% 氟吡菌酰胺 • 戊唑醇悬浮剂 1500 倍液、75% 肟菌酯 • 戊唑醇水分散粒剂 4000 ～ 6000 倍液、40% 苯甲 • 肟菌酯悬浮剂 3000 ～ 4000 倍液等药剂。注意：喷药时同时防治与猕猴桃褐斑病共同的寄主植物，也可在喷药时加一些叶面肥提高叶片厚度以增强抗病性，避雨栽培条件下酌情减施药剂 1、2 次（图 2-11）。

图 2-11　褐斑病田间防控效果（左）与对照组效果（右）

通过上述综合防治，防效可达85%以上，至成熟期保叶达90%以上，果园枝叶繁茂，硕果累累（图2-12）。

图2-12　褐斑病综合防治田间效果

2.2 猕猴桃灰霉病
（Kiwifruit gray mold）

2.2.1 症状

灰霉病主要危害叶片、花和果实，造成叶枯、花腐、果腐等。叶片发病多从叶缘和叶尖开始，沿叶脉呈“V”字形扩散，形成浅褐色坏死病斑，略具轮纹状，边缘规则；高湿条件下，发病部位或叶背常常产生灰色霉层，干燥时呈褐色干腐状，最后致叶片干枯掉落。花受侵染后，初呈水渍状，后逐渐变褐腐烂，表面形成大量灰色霉层（即病菌的分生孢子梗和分生孢子）（图2-13）。落花时，正常花瓣或染病花瓣落到叶片上则在相应部位形成褐色坏

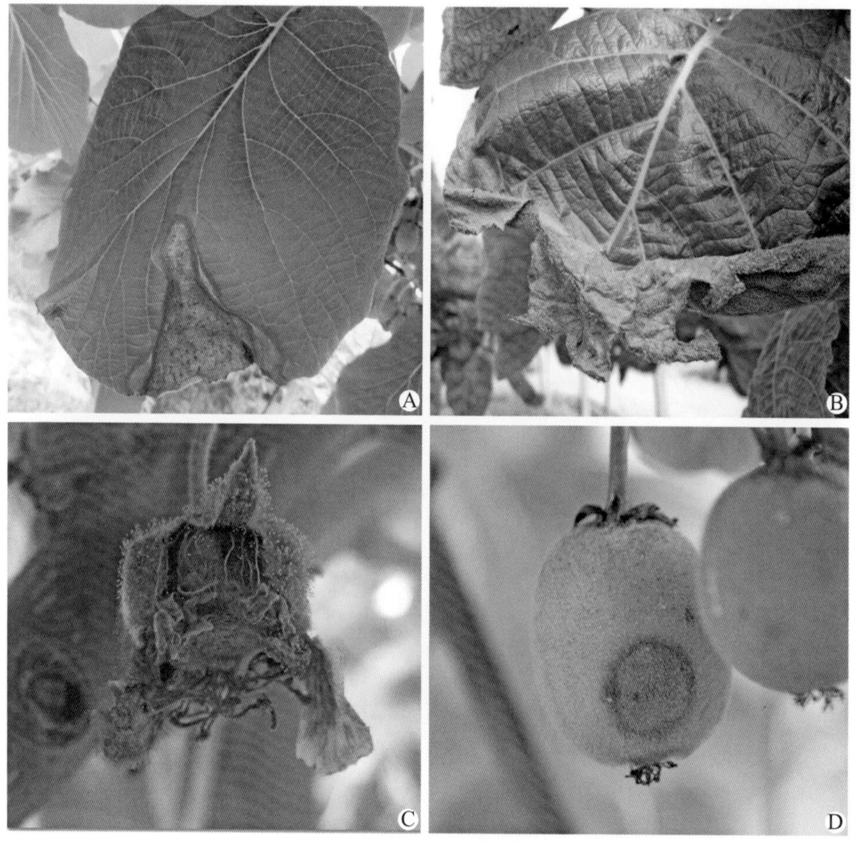

图 2-13　灰霉病典型症状
（A、B：叶片；C：花；D：果实）

死斑（图 2-14）。若花瓣或花的其他残体附在幼果上，将导致幼果感染，形成圆形或不规则形褐色病斑（图 2-14、图 2-15），遇潮湿天气，果实快速腐

图 2-14　花瓣病残体引起的叶片和幼果灰霉病

图 2-15　幼果期果实腐烂

烂导致落果（图 2-16）。田间感染的果实或携带病菌的果实，在冻库内会很快发病，多在果蒂处形成褐色软腐，并产生灰白色霉状物，果实腐烂变质失去食用价值（图 2-17）。在潮湿的环境里，果柄和侧生结果枝也有可能感染。有时在腐烂部位形成黑色不规则的菌核。

图 2-16　灰霉病导致的落果

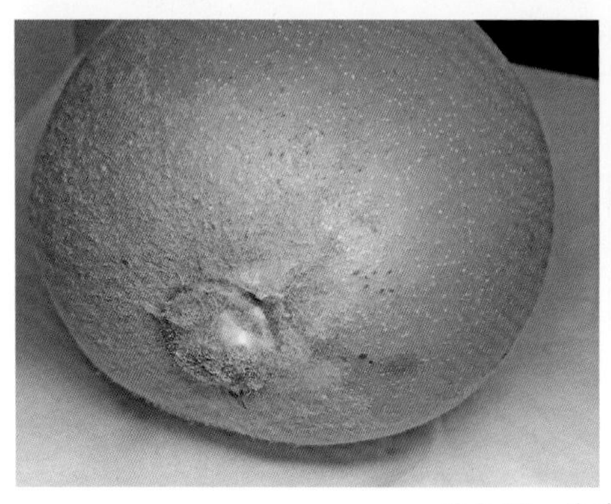

图 2-17　储藏期果实腐烂

2.2.2 病原

灰葡萄孢（*Botrytis cinerea*）是引起灰霉病最主要的病原菌，它是由假灰葡萄孢（*B. pseudocinerea*）和狭义灰葡萄孢（*B. cinerea sensu stricto*）组成的复合种，以后者为优势致病种，已证明四川地区猕猴桃灰霉病的病原为狭义灰葡萄孢（*B. cinerea sensu stricto*）。病菌在 PDA 上产生蓬松的灰白色气生菌丝，在生长后期菌丝由灰白色逐渐变为灰色至深灰色，部分菌株产生灰白色至（浅）褐色分生孢子层，培养 14d 后部分菌株会产生菌核，菌核形状不规则、分布无明显规律（可呈环状分布或散乱分布）。分生孢子梗单生或丛生直立，在分生孢子梗上端部分或顶端有分支若干，无色或浅褐色，大小为（2 ～ 8）μm×（160 ～ 520）μm。分生孢子为椭圆形或圆形，单孢，无色或浅褐色，大小为（3.96 ～ 6.10）μm×（6.75 ～ 13.59）μm，表面粗糙。菌落形态分为三种类型：菌核型、分生孢子型和菌丝型。菌核型分离物产生较多或大量菌核，极少菌丝，少量或不产生分生孢子；分生孢子型产生较多或大量分生孢子，肉眼可见，少量或无菌核产生；菌丝型菌落菌丝茂密，不产生或仅产生少量分生孢子（图 2-18）。四川省猕猴桃主产区灰霉病病原菌三种菌落类型均有，但以菌核型和菌丝型为优势类型。病菌生长最适温度为 18 ～ 22℃。

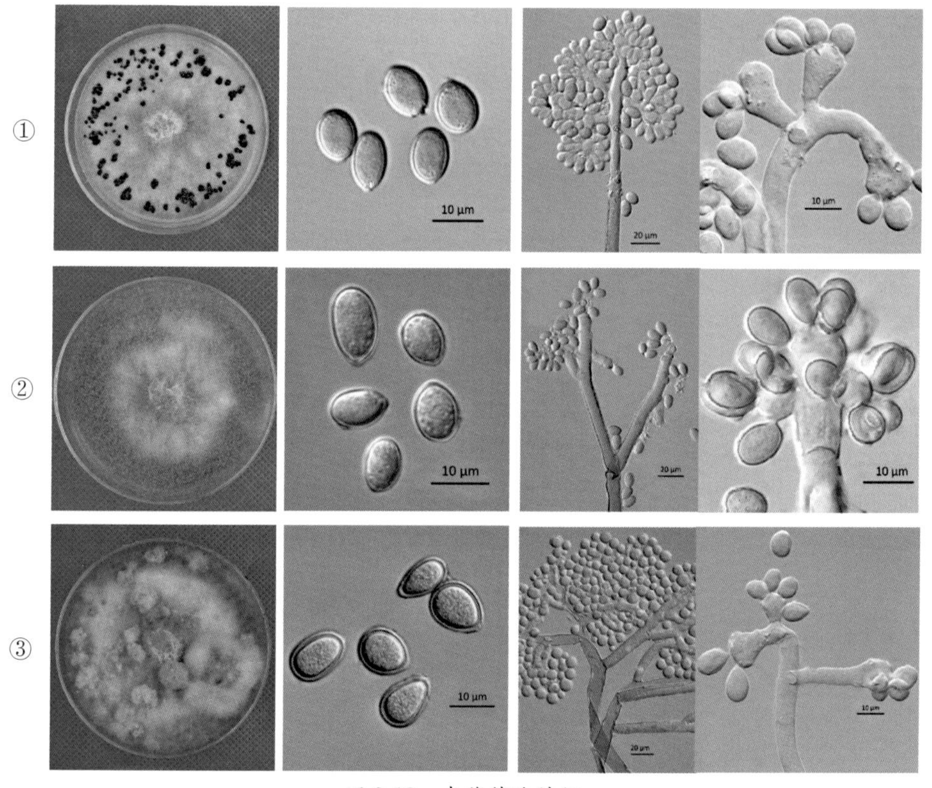

图 2-18　灰葡萄孢特征

（从左至右依次为：菌落形态、分生孢子形态和分生梗孢子形态；
从上至下依次为：①菌核型，②分生孢子型，③菌丝型）

2.2.3 发病规律

灰霉病菌主要以菌丝体、分生孢子在病残体上，或以菌核在病残体、土壤中越冬，病菌一般能存活 4 ～ 5 个月，越冬的分生孢子、菌丝、菌核成为翌年的初侵染源，病菌靠气流、水溅或园地管理传播（图 2-19）。相继侵染叶片、花蕾、花朵、幼果（图 2-14、图 2-15）。病菌生长最适温度为 18 ～ 22℃，故冷凉湿润有利于病害流行，一般初春和晚秋病害发生较重，有些夏季凉爽潮湿的山区整个生长期都可感染，果园低洼积水郁闭也有利于发病。猕猴桃品种的抗病性也有差异，金艳、红阳较感病，金果、海沃德较抗病。有些花瓣残存时间较长的品种易导致幼果发病。

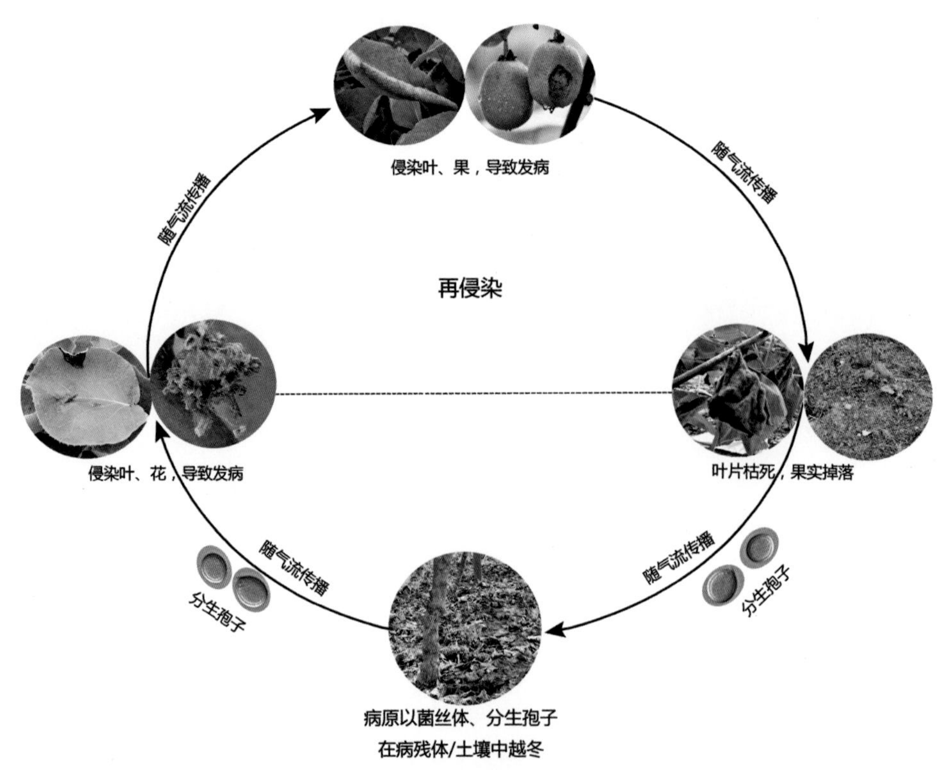

图 2-19　猕猴桃灰霉病病害循环图

2.2.4 防治方法

（1）农业防治。及时清除病残体，包括残留在幼果表面的花瓣；整理藤蔓，降低园内湿度；加强水肥管理，提高植株抗病性。

（2）化学防治。冬季修剪清园后，结合其他病虫害防治时全园喷施5波美度石硫合剂，初春萌芽前再喷施一次。生长期的施药时期在盛花末期和幼果期，可选用50%异菌脲可湿性粉剂1000～1500倍液、40%嘧霉胺悬浮剂1000～1500倍液、75%抑霉唑硫酸盐可溶粒剂1000～2500倍液、50%腐霉利可湿性粉剂1000～2000倍液、38%唑醚•啶酰菌水分散粒剂1000～2000倍液、42.4%唑醚•氟酰胺悬浮剂2000～3000倍液等。每隔7～10d喷施一次，一般2～3次，注意轮换用药。防治贮藏期可在果实入库前浸抑霉唑一次，也可以采用硫酸氢钠缓慢释放二氧化硫气体，达到防病保鲜的目的。

2.3 猕猴桃拟盘多毛孢叶斑病
（Kiwifruit pestalotiopsis leaf spot）

2.3.1 症状

拟盘多毛孢叶斑病主要危害叶片，初期在叶面形成圆形、近圆形或不规则形红褐斑，后病斑不断扩大，沿叶缘迅速纵深扩展，使多个病斑联合，但受叶脉限制，多数病斑较小（图 2-20）。后期病斑颜色稍浅，有的呈灰色，表面有黑色小粒点（病菌的分生孢子盘）。果实也可受害，造成褐色腐烂。

图 2-20　猕猴桃拟盘多毛孢叶斑病症状

2.3.2 病原

属于半知菌类拟盘多毛孢属（*Pestalotiopsis* sp.）。分生孢子盘多生在叶两面，初埋生，后突破表皮露出。分生孢子呈纺锤形，4 个真隔膜，隔膜间有缢缩，中间 3 个细胞呈暗褐色，基细胞和顶细胞呈灰白色，顶端具纤毛 3 根（图 2-21）。

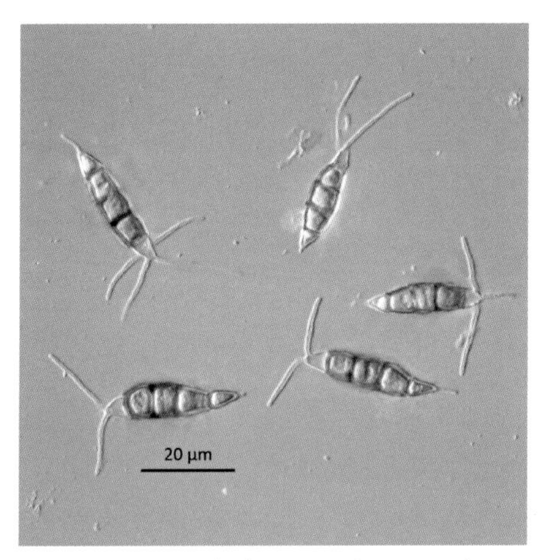

图 2-21　拟盘多毛孢分生孢子形态
（标尺 =20μm）

2.3.3 发病规律

拟盘多毛孢叶斑病病原以菌丝体和分生孢子在病残体上越冬，翌春菌丝萌发产生分生孢子，新、旧分生孢子通过雨水分散传播，进行初侵染。该病发生与栽培管理密切相关。施肥不足或不当，造成土壤瘠薄，可加重发病；果园地下水位高，排水不良，树冠郁密，通风透光差，发病严重。

2.3.4 防治方法

（1）农业防治。精心养护，增施有机肥，低洼积水地注意排水，合理修剪，以增强树势，提高树体抗病力。清除初侵染源，秋末冬初彻底清除树上与树下的残叶、落叶，并集中烧毁。

（2）药剂防治。参考褐斑病的防治方法。

2.4 猕猴桃黑霉病

(Kiwifruit sooty spot)

2.4.1 症状

黑霉病主要危害叶片和果实。叶片症状有两种：一种是在叶背面形成黑灰色绒毛状霉堆，黑灰色霉堆对应的正面出现褪绿斑，逐渐变褐坏死，病斑多呈不规则形，后期叶背面布满黑灰色霉堆，有时在黑灰色霉堆表面形成大量灰白色霉层（一种重寄生真菌）；另一种是在叶片正背两面均平铺一层黑色霉层，霉层不似前一种发达，后期可布满整张叶片，叶片变为污黑色。果实染病初期形成灰色绒毛状小霉斑，后扩大成暗灰色大绒毛病斑，随后霉层开始脱落，病斑明显凹陷形成近圆形病斑，将果实病部切开后，可见病部果肉形成黑褐色圆锥形硬块，后期整个果实腐烂（图 2-22 ～图 2-25）。

图 2-22　田间危害状

图 2-23　叶片症状

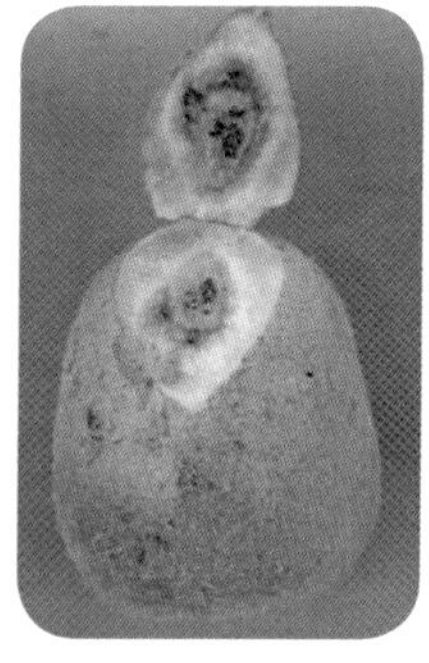

图 2-24　果实症状

图 2-25　叶背面白色霉层（重寄生物）

2.4.2 病原

猕猴桃黑霉病病原主要为猕猴桃假尾孢（*Pseudocercospora actinidia*），属子囊菌门，假囊壳呈球形或近球形，子囊近圆柱形，子囊孢子呈长梭形，有横膈膜、分隔处缢缩。子座不发达，呈橄榄色。分生孢子梗长，浅褐色或橄榄色，近直的或曲膝状。分生孢子有 3 ～ 9 个隔膜，有的呈圆柱形，有的呈倒棍棒状，两端钝圆。梗和聚集在梗上的分生孢子在病部呈橄榄色或黑色霉状物，故把这类病原引起的病害称为“黑霉病”（图 2-26）。病原菌生长最适温度为 27℃，最适 pH 为 6 左右。

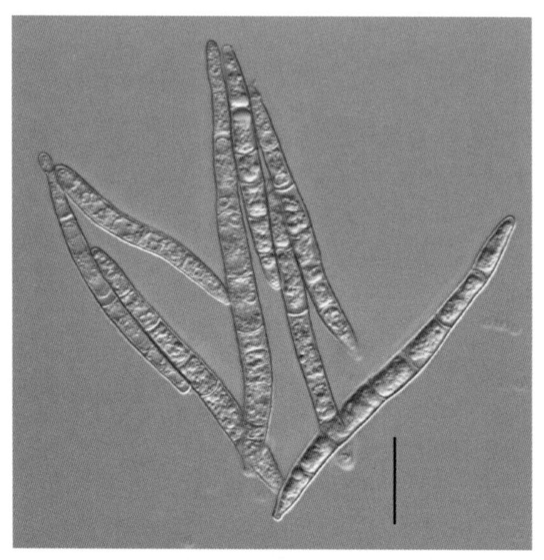

图 2-26　猕猴桃假尾孢分生孢子形态
（标尺 =30μm）

2.4.3 发病规律

黑霉病菌以菌丝体、分生孢子在病残体上越冬，翌年春天气温回升后，产生大量的分生孢子借风雨传播，通常植株近地面的叶片先发病，然后向上部蔓延。高湿条件下，产生黑色霉层，以分生孢子进行再侵染。该病从 7 月上旬至 10 月下旬可持续危害，9 月份进入发病高峰期。该病害的发生程度一般与降雨量、降雨时间关系密切。另外，因栽植过密（尤其是苗圃地）、棚（篱）架低矮、枝叶稠密或疯长而导致通风透光不良的果园极利于该病害的发生与流行。

2.4.4 防治方法

（1）农业防治。做好冬剪和夏剪，保证枝条、叶片不重叠，果园通风透光性好。落叶后及时清洁果园，烧毁病残体。注意施足基肥和分期追肥，促进植株生长健壮，提高抗病力。

（2）化学防治。在谢花期用 80% 代森锰锌可湿性粉剂 800 ～ 1000 倍液对全树喷第一次药。以后每隔 20d 左右喷一次 25％溴菌腈可湿性粉剂 1000 倍液，或 30% 苯醚甲环唑悬浮剂 2400 ～ 3000 倍液或 80% 代森锰锌悬浮剂 800 ～ 1000 倍液。

2.5 猕猴桃白粉病
(Kiwifruit powdery mildew)

2.5.1 症状

猕猴桃发生白粉病初期（7、8月），幼嫩叶片正面出现近圆形褪绿斑，叶背面对应部位有淡黄色至橙红色霉层，也有少数霉层为白色，为病原菌的菌丝、分生孢子梗和分生孢子（图 2-27、图 2-28）。发病中期（9、10月），黄色的菌丝层扩展布满整张叶片，菌丝表面开始产生黄白色的半透明状闭囊壳。发病后期（11月上旬），病叶背面形成许多黑色小点即成熟的闭囊壳（图 2-29），同时受害叶片开始枯死脱落，重病区果园叶片感病率可达 90% 以上，尤其是落叶较迟的区域。

图 2-27　猕猴桃白粉病初期症状
（正背两面特征）

图 2-28 猕猴桃白粉病背面典型症状
（橙红色和黄白色霉层）

图 2-29 猕猴桃白粉病后期症状——闭囊壳

2.5.2 病原

猕猴桃白粉病病原无性阶段为小卵孢属拟小卵孢霉（*Ovulariopsis imperialis*），分生孢子梗直立、圆柱形，分生孢子单生或串生于顶端，梭形或卵圆形（图 2-30A）；有性阶段为猕猴桃球针壳菌（*Phyllactinia actinidiae* (Jacz.) Bunkina），闭囊壳初期为球形，成熟后为扁球形，黄褐色或黑褐色，闭囊壳“赤道线”上一圈生有基部膨大的针状附属丝（图 2-30B）。闭囊壳内生有数个子囊，子囊孢子卵圆形，不同生态区子囊发育进度不同，需要的环境条件尚不清楚（图 2-30C）。

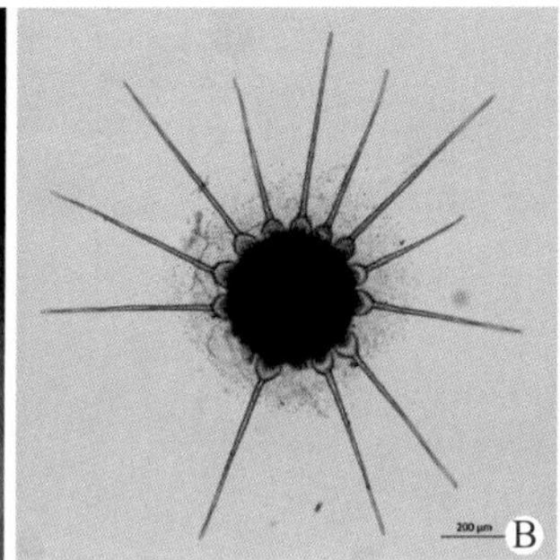
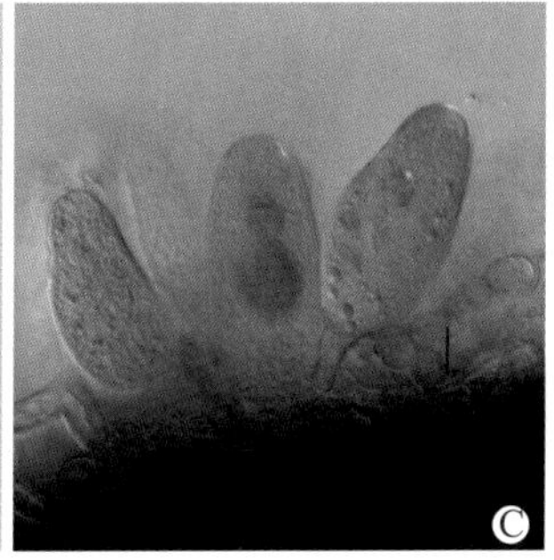

图 2-30　猕猴桃球针壳菌形态
（A：分生孢子梗及分生孢子；B：闭囊壳，标尺 =200μm；C：子囊，标尺 =30μm）

2.5.3 发病规律

白粉病病原以菌丝体在被害组织内，或潜伏于芽鳞片间越冬。翌年在适宜条件下，产生分生孢子，借风雨传播，萌芽直接侵入，菌丝蔓延至寄主表皮下，以吸器伸入细胞内吸取寄主营养。一般在适温、少雨或闷热天气，有利于发病。栽植过密、偏施氮肥过多、枝叶幼嫩徒长、通风不良等均有利于发病。

2.5.4 防治方法

（1）加强栽培管理。增施磷、钾肥和有机肥，提高植株抗病力。

（2）注意及时摘心、绑架。做好夏季修剪，使枝梢分布均匀，保持通风透光良好，结合冬季修剪，清除枯枝落叶，集中处理。

（3）喷药保护。发病初期，选用 4% 嘧啶核苷类抗菌素水剂 400 倍液，25% 粉锈宁 2000 倍液，或 45% 硫黄悬浮剂 500 倍液，或 20% 吡噻菌胺悬浮剂 1500 ～ 2000 倍液等，每隔 7 ～ 10d 喷施一次，连续施药 2 次或 3 次。上述药剂宜注意交替使用。

2.6 猕猴桃炭疽病
(Kiwifruit anthracnose)

炭疽病是猕猴桃生产中的主要病害之一，各产区均有发生。主要危害叶片，也可危害枝条和果实。它常随其他叶斑病的发生而发生，导致病害加重，造成叶缘焦枯，提早脱落。

2.6.1 症状

叶片感染炭疽病后，一般从叶缘开始出现症状，叶缘略向叶背卷缩，初呈水渍状，后变为褐色不规则形病斑，病健交界明显。后期病斑中间变为灰白色，边缘深褐色。有的病斑中间破裂成孔，受害叶片边缘卷曲，干燥时易破裂，病斑正面散生许多小黑点，黑点周边发黄，潮湿多雨时叶片腐烂、脱落（图 2-31）。

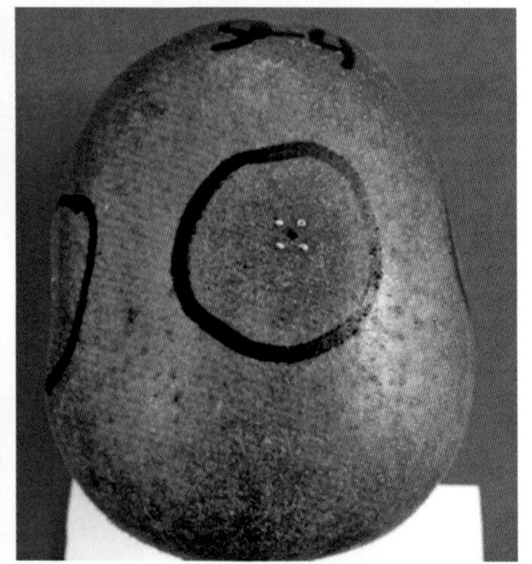

图 2-31　猕猴桃炭疽病症状
（左：叶片症状；右：果实症状）

2.6.2 病原

炭疽病病原有性态为围小丛壳菌（*Glomerella cingulata*），属子囊菌门；无性态为胶孢炭疽菌（*Collectotrichum gloeosporioides*）。病菌分生孢子盘初埋生，成熟后突破表皮，并溢出分生孢子，在孔口形成粉红色黏质团。分生孢子无色，长圆柱形或长椭圆形（图 2-32A）。分生孢子萌发的最适温度为 28 ～ 32℃，萌发时形成的附着胞呈卵圆形，褐色（图 2-32B）。子囊壳一至数个埋生于子座内，其内子囊平行排列。子囊呈棍棒形，子囊孢子单胞，无色，椭圆形，略弯（图 2-32C）。

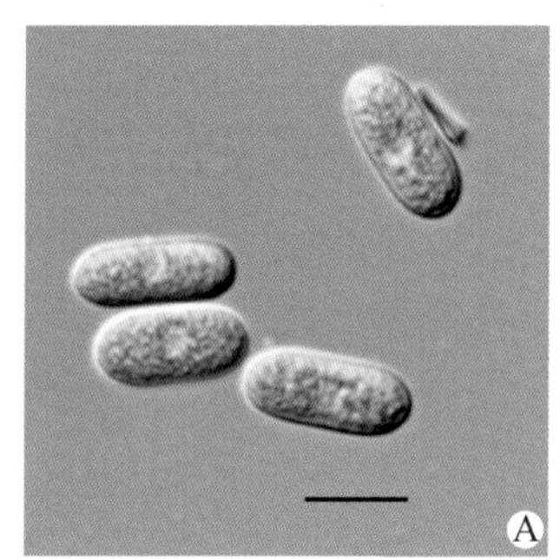

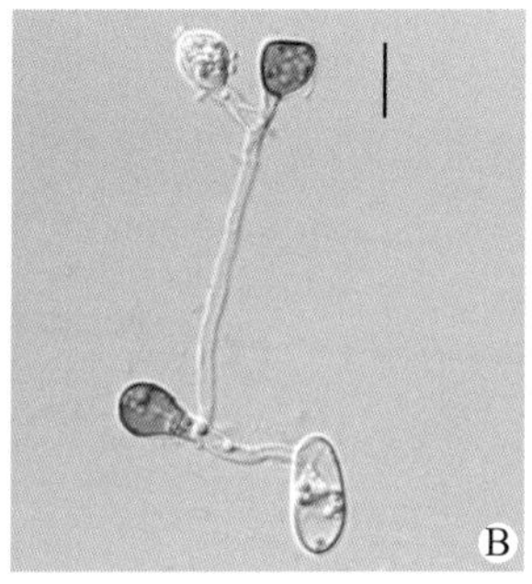

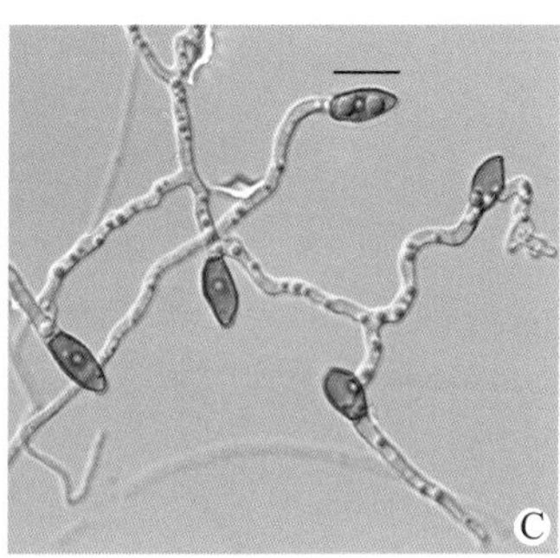

图 2-32　猕猴桃炭疽病菌形态
（A：分生孢子；B：附着胞；C：子囊及子囊孢子）

2.6.3 发病规律

炭疽病菌以菌丝体、分生孢子盘在树上的病果、僵果、果梗、病叶、枯枝、受病虫危害的破伤枝等处越冬，也能在苹果、李、梨、葡萄、核桃、刺槐等寄主上越冬。次年春天形成分生孢子，借风、雨、昆虫等传播，病菌主要从伤口、气孔侵入，病菌有潜伏侵染现象。

在高温高湿多雨条件、土质黏重、地势低洼、排水不良、种植过密、树冠郁闭、通风不良的果园，以及树势弱的果园，炭疽病易流行且发生严重。

2.6.4 防治方法

（1）清除侵染来源。冬季结合修剪清除僵果、病果和病果台，剪除干枯枝和病虫枝，集中深埋或烧毁。

（2）选择抗性较强的品种。建园时最好选择当地试验过、审定过的猕猴桃品种，如海沃德、徐香、金桃、云海一号、泰上黄、翠香等品种的抗病性比较理想。

（3）加强栽培管理。合理负载，规范整枝修剪，及时中耕锄草，改善果园通风透光条件，降低果园湿度，合理施肥灌水。加强果园土肥水管理，重施有机肥，合理负载，科学整形修剪，创造良好的通风透光条件，维持树势健壮，减轻病害的发生。

（4）新建园应远离刺槐林、核桃园，也不宜混栽其他的炭疽菌寄主植物。

（5）药剂防治。萌芽前，全园喷一次5波美度的石硫合剂消灭树体表面的病菌。谢花后和套袋前施药一次。7月初，果园初次出现炭疽病菌孢子3～5d内开始喷药，以后每10～15d喷1次，3次左右，药剂可选用30%苯醚甲环唑悬浮剂、波尔多液（1∶0.5∶200）、25%吡唑醚菌酯乳油2000倍液、5%溴菌腈可湿性粉剂1000倍液、25%嘧菌酯悬浮剂1000～1500倍液、65%代森锌可湿性粉剂500倍液、30%福美双·福美锌500～600倍液等。生长中后期可结合防治褐斑病一同进行注意交替用药，避免病菌产生抗药性。

2.7 猕猴桃锈病
(Kiwifruit rust)

2.7.1 症状

猕猴桃锈病主要危害叶片，病叶正面生许多黄色至橙黄色、无明显边缘的小斑点，常相互连合。叶背可见散生的黄褐色小点（夏孢子堆），破裂散出黄色粉末（夏孢子），不规则散生（图 2-33）；发病后期，夏孢子堆转为黑褐色冬孢子堆。

图 2-33　猕猴桃锈病症状

2.7.2 病原

猕猴桃锈病的病原为单胞锈菌（*Uromyces* sp.），属担子菌门单胞锈菌属真菌。夏孢子堆呈盘状，突破表皮。夏孢子呈球形至椭圆形，有刺，淡褐色（图 2-34）。冬孢子呈褐色，平滑，亚球形至椭圆形，顶部圆或平，下部稍窄，柄无色。

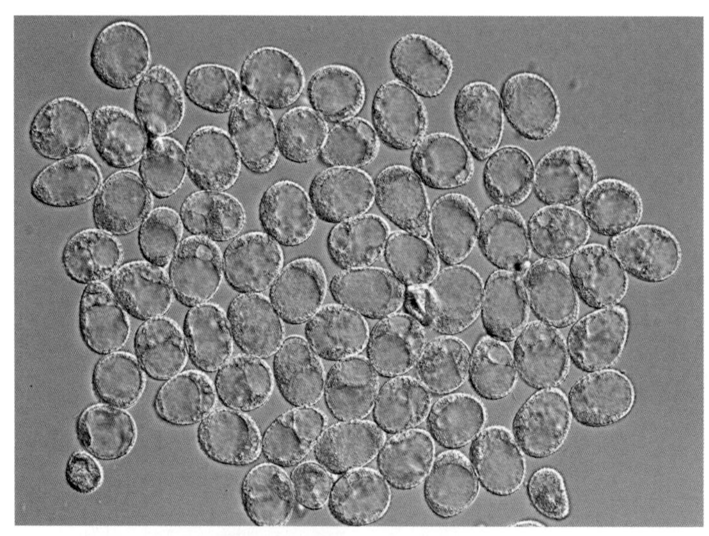

图 2-34　猕猴桃锈病病原夏孢子形态

2.7.3 发病规律

猕猴桃锈病以冬孢子随同病残体在落叶上越冬，翌年春天萌发产生芽管和担孢子，借气流传播，从寄主气孔侵入，于生长季节辗转危害。高温高湿，是猕猴桃锈病发生的主要因素，叶面上的水滴，是病原菌孢子萌发侵入的必要条件。果园地势低、排水不良、通风透气不良，均有利于病害发生。

2.7.4 防治方法

（1）农业防治。加强栽培管理，冬季清园，结合修剪清除病枝落叶，集中烧毁。

（2）化学防治。发病初期可喷施 15% 粉锈宁可湿性粉剂 1000 ～ 1500 倍液，或 65% 代森锌可湿性粉剂 500 倍液，或 22.5% 啶氧菌酯悬浮剂 1500 倍液。上述药剂，最好交替使用。

2.8 猕猴桃病毒病
(Kiwifruit virus disease)

猕猴桃病毒病在我国保存的猕猴桃种质资源及栽培品种上发生较普遍，有的可以造成严重危害，影响果实产量和品质。已报道的猕猴桃病毒有 15 种，其中猕猴桃病毒 A（*Actinidia virus* A，AcVA）和猕猴桃病毒 B（*Actinidia virus* B，AcVB) 的发生较为普遍。郑亚洲等首次从我国种植猕猴桃上检测到了猕猴桃病毒 A 和猕猴桃病毒 B。我国陕西发现感染徐香猕猴桃的有 6 种病毒：猕猴桃病毒 A、猕猴桃病毒 B、猕猴桃属褪绿环斑相关病毒、黄瓜花叶病毒、苹果茎沟病毒及马铃薯病毒 X。新西兰于 2003 年首次报道了苹果茎沟病毒（*Apple stem grooving virus*，ASGV）侵染猕猴桃，且病株症状与我国早期观察到的症状相似。印度在 2014 年也发表了关于 ASGV 感染猕猴桃的研究，而我国目前已对来自猕猴桃植物的 ASGV 分离株的分子多样性进行了分析。

2.8.1 症状

文献记载猕猴桃感染病毒病后主要有以下 6 种症状类型：花叶型、黄化型、坏死型、叶斑型、褪绿环斑型、褪绿斑驳型。四川红阳猕猴桃上发现四种类型，即花叶型（图 2-35）、褪绿环斑型（图 2-36）、皱缩型（图 2-37）、脉明型（图 2-38）。田间多数为混合侵染（图 2-35 ～图 2-39）。

图 2-35　花叶型

图 2-36　褪绿环斑型

图 2-37　皱缩型

图 2-38　脉明型

图 2-39　混合侵染（含花叶型、褪绿、皱缩等）

AcVA和AcVB常复合侵染，叶片症状主要为褪绿黄化，脉明，形成褪绿环斑和褪绿斑点，春季以猕猴桃嫩叶上症状最明显，至夏季则表现隐症现象。中国、意大利和新西兰种植的猕猴桃上均检测到AcVA和AcVB。此外，两种病毒具有潜伏侵染现象，即侵染植株不表现明显症状。猕猴桃属柑橘叶斑病毒感染猕猴桃后，初期症状不明显，病毒主要在枝条内潜伏侵染。病树长出新叶后，叶片表现为不规则褪绿（类似缺素症），病叶表面积小于健康叶。感病中期受害植株叶片表现畸形、花叶、黄化，有的出现脉明和脉间黄化。一些病叶正面出现褐色斑块，严重发生时整叶变黄，脱落。受侵染的中华猕猴桃在春梢中部和尾部叶片出现轻微斑驳，夏季出现叶脉褪绿。猕猴桃属柑橘叶斑驳病毒在猕猴桃果实上不表现症状，可正常挂果，但果实偏小且易脱落，商品价值大幅下降。受猕猴桃属褪绿环斑相关病毒侵染的猕猴桃叶片出现褪绿斑驳、褪绿环斑和叶脉黄化等症状。

2.8.2 病原

（1）AcVA和AcVB为β线形病毒科（Betaflexiviridae）葡萄病毒属（*Vitivirus*）的暂定成员。病毒粒体呈弯曲线状，为正单链RNA病毒。葡萄病毒属病毒粒体长度为725～785nm，直径12nm左右，基因组全长大小约为7500个核苷酸，包括5个开放阅读框（open reading frame，ORF）。

（2）猕猴桃属柑橘叶斑驳病毒（*Actinidia citrivirus*）属于β线形病毒科柑橘病毒属（*Citrivirus*）新成员，为正单链RNA病毒。基因组有8782个核苷酸，与柑橘叶斑驳病毒（CLBV）有74%的相似性。

（3）猕猴桃属褪绿环斑伴随相关病毒属于布尼亚病毒科（Bunyaviridae）欧洲山梣环斑病毒属（*Emaravirus*）的一个新种，为负单链RNA病毒。基因组由4条大小为1.3～7.0kb的RNA链组成，每条互补RNA链含有1个开放阅读框。

此外，通过高通量测序技术，Biccheri（2015）发现了一种新型长线形病毒科（Closteroviridae）线形属病毒（*Closterovirus*）成员，目前相关报道还比较少。

除上述特异性侵染猕猴桃的病毒以外，还有很多寄主范围广泛的病毒也能侵染猕猴桃，包括苹果茎沟病毒、苜蓿花叶病毒、黄瓜花叶病毒、芜菁脉明病毒、黄瓜坏死病毒、长叶车前草花叶病毒、猕猴桃属马铃薯X病毒组和番茄斑萎病毒等。

2.8.3 发生规律

（1）机械传播。果园修剪或嫁接繁殖都会传播病毒，嫁接是典型的果树病毒传毒方式。AcVA和AcVB可通过机械摩擦接种至指示植物上，目前尚不清楚该类病毒是否存在传播介体。苹果茎沟病毒在田间通过嫁接和机械损伤传播。研究表明柑橘叶斑驳病毒通过嫁接传毒，次年猕猴桃树发病率为100%。

（2）介体传播。苜蓿花叶病毒和黄瓜花叶病毒通过蚜虫传播。黄瓜坏死病毒通过土壤真菌传播，也可以机械传播。番茄斑萎病毒属在自然环境下可以通过蓟马科昆虫扩散。猕猴桃属褪绿环斑伴随相关病毒的传播介体是瘿螨，它也是农业生产上的重要害虫。

2.8.4 防治方法

（1）无病毒苗木的培育和栽植。通过茎尖组培脱毒，并隔离栽植无病毒苗木，注意防虫。生长季初感染的病叶要及时清除。修剪完病株后，用70%的酒精消毒修剪工具，以免通过工具传播病毒。

（2）农业防治。冬季清除病枝落叶，集中到园外烧毁。加强肥水管理，促进树体健壮生长。通过提高猕猴桃树势和抗病性来抑制病毒复制或减轻病害发生。

（3）药剂防治。猕猴桃叶片长出后，叶面喷施5%氨基寡糖素水剂600～800倍液，或20%吗胍·乙酸铜可湿性粉剂600～800倍液，或8%宁南霉素水剂600～800倍液。之后每隔15～20d进行1次全园喷雾，连续用药3、4次。

2.9 猕猴桃黑筋病（黑脉病）

（Kiwifruit leaf black vein）

2.9.1 症状

猕猴桃黑筋病主要发生在猕猴桃功能叶上，背面主叶脉肿胀，颜色变黄，紧靠主脉两侧聚集大量不规则的白色絮状物，絮状物对应处组织逐渐坏死，叶脉颜色加深。正面叶脉及附近组织变为深褐色，后期整张叶片叶色暗沉，叶脉变黑，似整个“筋络”变黑，故俗称“黑筋病”（图 2-40A ～ 2-40C）。重病植株果实发育不良，果面灰褐色，暗淡无光泽，商品性低（图 2-40D）。

图 2-40　猕猴桃黑筋病症状

（A：叶正面早期症状；B：叶背面早期症状；C：叶正面中后期症状；D：果实症状）

2.9.2 病因及发生规律

猕猴桃黑筋病的病因未完全查明，但绝不是“白粉病”，更不是“霜霉病”。疑似由锰中毒引起，降雨量大、酸性条件时，发病加重。因降雨冲洗导致土壤中金属离子流失，而不易流失的锰离子被植株大量吸收导致植物中毒，造成生理性病害；土壤严重酸化的情况下，土壤中的锰离子大量聚集于根系，导致根系差，直接影响生长势。分析叶片中的锰含量表明，病叶中的锰含量显著高于健叶。

2.9.3 防治方法

用草木灰加微量元素肥或大理石粉撒施于树盘周围缓解症状；调理土壤酸性，冲施大量元素 + 中微量元素水溶肥，平衡营养，适量增施微生物菌肥，改善根系生长环境，预防或减少酸性土质对根系的影响，同时补钙促根壮树；另外，增施腐殖酸有机肥可以螯合金属离子，缓解矿质离子的流失，改善土壤。减少酸性化肥施用量，可以很大程度上缓解黄叶黑筋。但树势极差，对于黄叶黑筋严重的树建议直接挖除，改土后重新栽种。

第3章

花、果实病害

3.1 猕猴桃软腐病

(Kiwifruit soft rot)

软腐病又称熟腐病和褐腐病，是猕猴桃生产中的重要病害之一，主要危害近成熟期和贮藏期的果实，造成挂果期落果和贮藏期果实大规模腐烂。同时也能引起叶片和枝蔓枯死。

3.1.1 症状

发病果实呈现圆形病斑，病部中央为浅褐色，病健交界处呈暗绿色水渍状环形晕圈，病部表面无明显凹陷，但用手按压能感到果实有一定程度的变软。果实发病后期由于周围高湿环境而产生大量白色至灰白色菌丝，同时在病果表皮处有组织液渗出。发病果实内部呈空心锥形，病部细胞空洞呈海绵状，呈乳白色至乳黄色。病果散发腐败的酒糟味，并能诱发同箱的其他果实快速变软而失去商品性（图 3-1）。

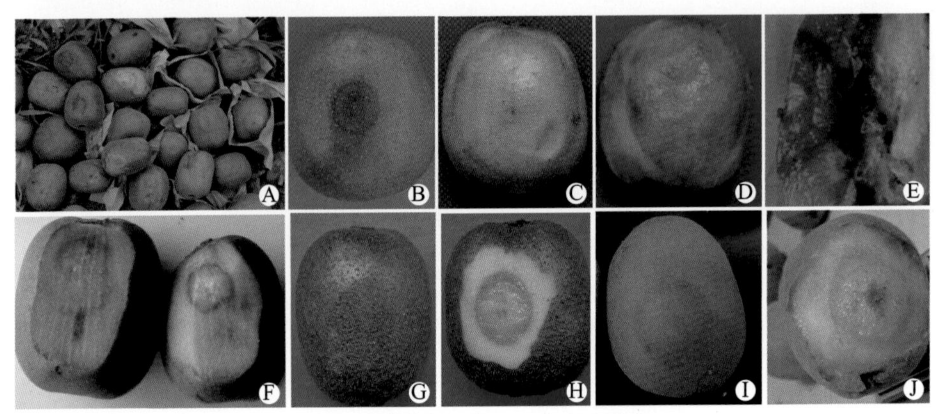

图 3-1　猕猴桃软腐病果实发病症状
（A ～ F：红阳；G、H：徐香；I、J：金实 1 号）

枝干受害多发生在衰弱枝蔓上，初期皮层呈紫褐色到暗褐色病斑，水渍状，后转为深褐色。在湿度大时，病部迅速绕茎横向扩展，深达木质部，皮层组织大块坏死，造成枝蔓萎蔫干枯。后期病斑上产生许多黑色小点粒，即病菌的子座（图 3-2）。

图 3-2　猕猴桃软腐病枝枯症状
（A、B：枝枯；C：子座）

3.1.2 病原

猕猴桃软腐病病原菌主要为 *Botryosphaeria dothidea*、*Lasiodiplodia theobromae* 和 *Neofusicoccum parvum*，其中 *B. dothidea* 为优势种，菌丝生长速度最慢，分生孢子梭形至近棍棒状，子囊孢子纺锤形；*N. parvum* 菌丝生长速度较快，分生孢子梭形至椭圆形，子囊孢子纺锤形至卵圆形；*L. theobromae* 菌丝生长速度最快，分生孢子近卵形至椭圆形，底部和顶部为圆形，初期无色无隔，成熟后变为黑褐色且中间产生一个隔。菌落形态、子囊及子囊孢子形态（图 3-4）。

图 3-3　病原菌在枯枝上的发育
（A、B：遗弃田间的枯枝；C、D：枯枝上成熟的假囊壳；E：假囊壳横切面；
F：大部分已释放子囊孢子的假囊壳）

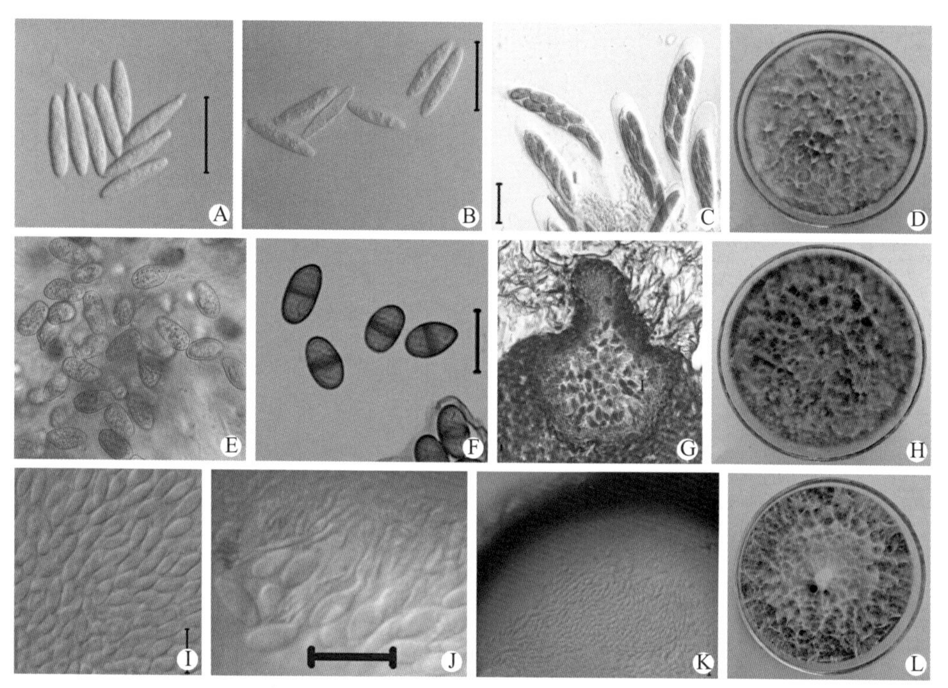

图 3-4　葡萄座腔菌科（*Botryosphaeriaceae*）病原菌的形态特征

[A ～ D：*Botryosphaeria dothidea*（A、B：分生孢子；C：子囊及子囊孢子；D：菌落形态）；
E ～ H：*Lasiodiplodia theobromae*（E、F：分生孢子；G：分生孢子器；H：菌落形态）；
I ～ L：*Neofusicoccum parvum*（I、J：分生孢子；K：分生孢子器；L：菌落形态）]

优势种 *B. dothidea* 的分生孢子器单生或者聚生，单腔室或者多腔室，孔口为圆形或者不规则状。产孢细胞无色透明，近圆柱状。分生孢子为窄梭形至棍棒状，顶端微钝，基部平截至圆形，初期为无色单细胞，后期变为浅棕色，少数有一个隔膜。假囊壳黑色，在枝条上突出，近圆形，直径可达 550μm，聚生，少数单生，乳突短，孔口近圆形。子囊双壁，棍棒状，有时呈弯曲状，8 个孢子，顶端有腔室。子囊孢子无色，无隔，纺锤状至圆形，在子囊中双列排布。

三种病原菌菌丝生长和孢子萌发的最适温度为 25 ～ 30℃。在 pH 为 4 ～ 10 时三种病原菌的菌丝和分生孢子均能生长和萌发。菌丝生长最适 pH 为 5 ～ 8，孢子萌发最适 pH 为 6 ～ 8。

猕猴桃软腐病病原菌分布广泛，寄主多样，包括苹果、梨、猕猴桃、桉树、橄榄、蜡梅和葡萄等 45 个属的果树、林木，可引起溃疡、枝枯和果实腐烂等病害。

3.1.3 发病规律

猕猴桃软腐病病原菌通常以菌丝体、分生孢子器及假囊壳在修剪的猕猴桃枝条、果梗、休眠的芽和落叶上越冬，越冬后的病菌翌年春季恢复活动，4～5月形成子囊孢子或（和）分生孢子成为初侵染源（主要来自田间枯死的枝条），6～8月大量散发，借风雨传播；病菌从皮孔入侵，孢子在水中萌发较快，24h即可完成侵染；分生孢子和子囊孢子均能危害果实、叶片和枝条；对果实的侵染始于花期和幼果期，幼果侵染最为严重，病菌侵入后菌丝潜伏在果皮附近组织内，一般未成熟的果实能抑制绝大多数菌丝生长，直到果实成熟后才表现出来；枝蔓与叶片染病多从伤口或自然孔口侵入。病菌在田间的发育和周年循环过程见图3-5。

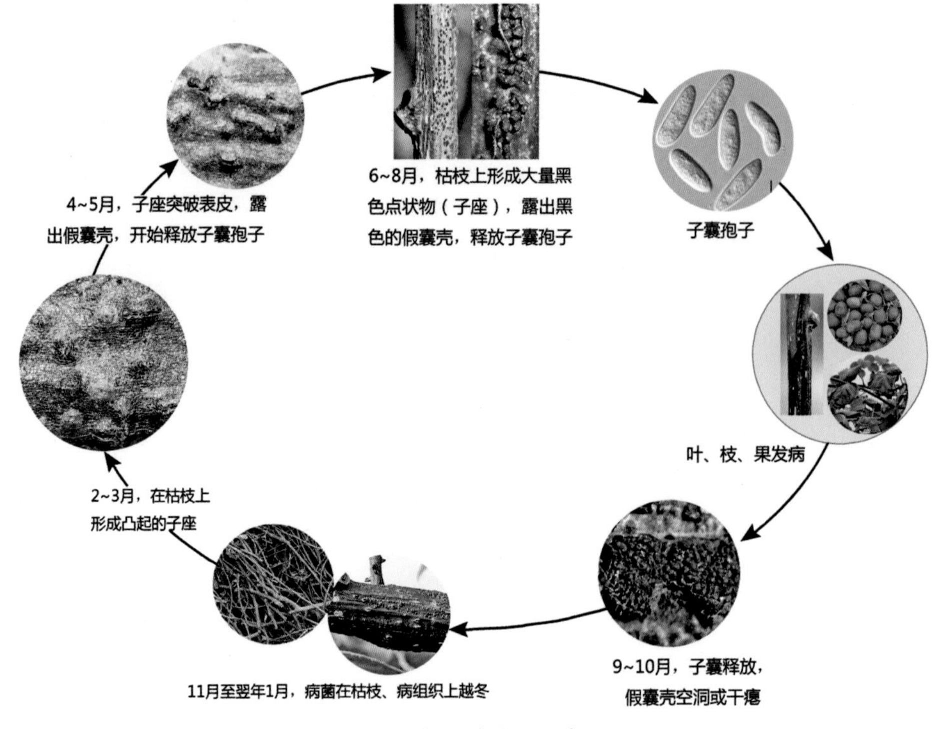

图3-5　猕猴桃软腐病的病害循环图

3.1.4 防治方法

（1）农业防治。彻底清园，清扫落叶落果，剪除病枝，消灭病菌载体，特别是秋季修剪遗留的枯枝；加强果园管理，重施基肥，及时追肥，增强树势；减小园地荫蔽，改善通风及光照条件；幼果套袋；采收、运输中避免果实碰伤；低温贮藏。

（2）化学防治。春季萌芽前结合其他病害一起防治，喷施 3 ～ 5 波美度石硫合剂。谢花后 2 周至果实膨大期喷施 75% 肟菌 • 戊唑醇水分散剂 4000 倍液，或 42.8% 氟菌 • 肟菌酯悬浮剂 2000 倍液，或 35% 苯甲 • 咪鲜胺水乳剂 500 ～ 750 倍液。需要进冷库贮藏的果实可在采收时喷施或入库前浸果处理。

3.2 猕猴桃黑斑病
(Kiwifruit black scab)

3.2.1 症状

猕猴桃黑斑病菌主要危害果实。6 月上旬开始出现症状，果实发病最初表现为果面色泽暗淡，部分出现小斑点，逐渐扩大至直径为 2 ～ 3mm 的病斑，随果实生长发育，病斑逐渐扩展，颜色转为黑色或黑褐色，受害处组织变硬，下陷，失水，形成圆锥状硬块。随果实膨大，病果逐渐变软脱落，病斑周围开始腐烂，但下陷部始终为一硬疤。病果入冻库后会继续发病，一般 10 ～ 20d 内变软，甚至腐烂。当果面有多个病斑时，果实完全丧失商品价值（图 3-6）。

图 3-6　猕猴桃黑斑病症状

猕猴桃黑斑病菌也可危害枝干导致枝枯，枯死部位形成大量的褐色小粒点，即分生孢子器。

3.2.2 病原

猕猴桃黑斑病的病原初步鉴定为拟茎点霉菌（*Phomopsis* spp.），有多个致病种，其有性态为间座壳属（*Diaporthe*），自然条件下少见；无性态形成分生孢子器，球形或扁球形，分生孢子器内可产生两种分生孢子：一种长椭圆形，内有两个油球；另一种为细丝状，一端弯曲呈钩状（图 3-7）。分生孢子器在枯死的树皮组织上易形成，即肉眼可见密生的褐色小粒点。病菌生长最适温度为 28 ～ 30℃。

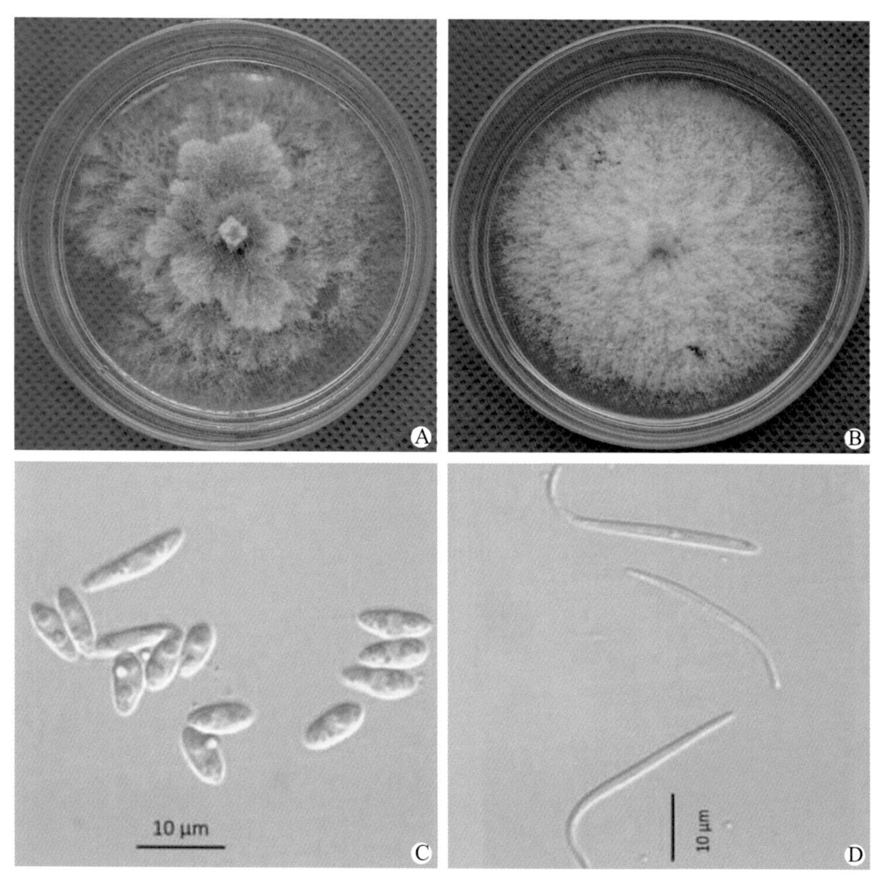

图 3-7　猕猴桃黑斑病病原菌形态特征
（A、B：菌落特征；C、D：分生孢子）

3.2.3 发病规律

猕猴桃黑斑病病原菌主要以菌丝体或分生孢子器潜伏在病株内或随病残体越冬，作为第二年初侵染源。被病原菌感染的枝蔓后期形成大量分生孢子器，遇雨水释放分生孢子，借气流、昆虫、农事操作等途径传播，通过皮孔、伤口侵入，可引起枝枯、果斑等。发病部位可再形成分生孢子器，只要环境适宜可以在一个生长季节中多次侵染。

猕猴桃黑斑病的发生、流行与温度、湿度关系密切。28 ～ 30℃高温和80% 以上的相对湿度发病重。因此，夏季高温、多雨发病较重；地势低洼积水，植株郁蔽，通风透光差，容易引起病害流行。在四川一般 6 月开始出现症状，7 月下旬开始落果，一直持续至采果，贮藏运输期为发病高峰期。

3.2.4 防治方法

猕猴桃黑斑病的防治应本着“预防为主，防重于治”的原则，着眼于控制树体生长环境，提高树体抗病性。

（1）农业防治。冬季清园，结合修剪，控制果园小气候，创造不利于发病的条件，注意架面通风透光，降低田间湿度，坐果期控水，防止出现高湿状态；彻底清除枯枝落叶，剪除病枝，尤其是有溃疡病的病枝；施足基肥，增强树势，提高抗病力。

(2) 化学防治。春季萌芽前喷施 3 ～ 5 波美度的石硫合剂。幼果期套袋前，施用 12% 腈菌唑乳油 3000 ～ 4000 倍液，或 75% 肟菌 • 戊唑醇水分散剂 4000 倍液，或 30% 吡唑醚菌酯 • 戊唑醇悬浮剂 1500 ～ 2000 倍液，或 25% 咪鲜胺 500 ～ 1000 倍液等药剂。采收前 7d 或入库前 1 ～ 2d 使用上述药剂处理果实。

3.3 猕猴桃霉污病
(Kiwifruit mildew stains)

3.3.1 症状

猕猴桃霉污病菌主要危害果实，也危害枝蔓和叶片。被害处呈现污褐色、青绿色、污黑色不规则形或条状污痕，发生在果实上会严重降低果品价值。

3.3.2 病原

猕猴桃霉污病主要由苔藓、蚧壳虫分泌物滋生的霉菌等引起。

3.3.3 防治方法

以农业防治为主，幼果期套袋，改善果园通风透光条件，降低园内湿度。

3.4 其他采后腐烂病
（Kiwifruit postharvest rot）

除软腐病外，果实采收后还会因多种原因引发腐烂病，主要与采前果实的品质和采摘、运输以及选果过程造成的碰伤、破损等有关。此外，贮藏期的冻伤、药害也会引起果实腐烂，有时烂果率高达 50% 以上。

3.4.1 症状

（1）灰霉病。发病果实最初在果蒂中心出现灰白色霉层，果蒂周围开始出现水渍状病斑，随后均匀向下扩散、腐烂，直至整个果实；后期果皮出现一层绒毛状的灰白色霉层，之后变为灰色，有时可见黑色不规则菌核，果皮颜色由浅黄色转为棕褐色。发病部位果肉水渍状，与周围健康细胞分界较明显（图 3-8）。

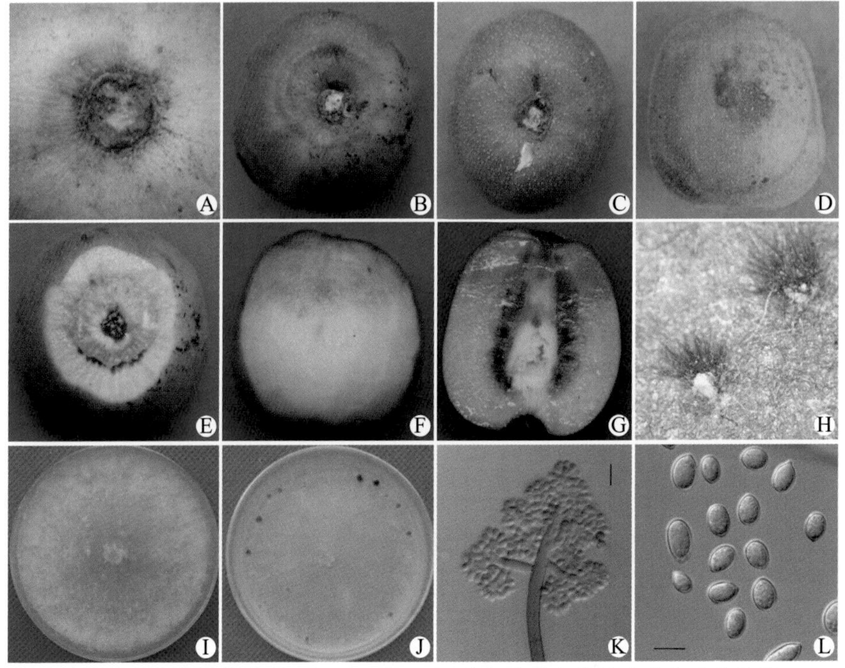

图 3-8　由灰葡萄孢（*Botrytis ceneria*）引起的果实腐烂病症状及病原图
（A ~ G：症状图；H：病斑上产生的孢子梗；I、J：菌落形态；K、L：分生孢子梗和分生孢子）

（2）镰孢菌腐烂病。发病果实呈现圆形或不规则褐色病斑，病健交界处无明显环带，病部表面凹陷，发病部位果肉变软，后期在病斑上形成粉白色霉状物（图 3-9）。

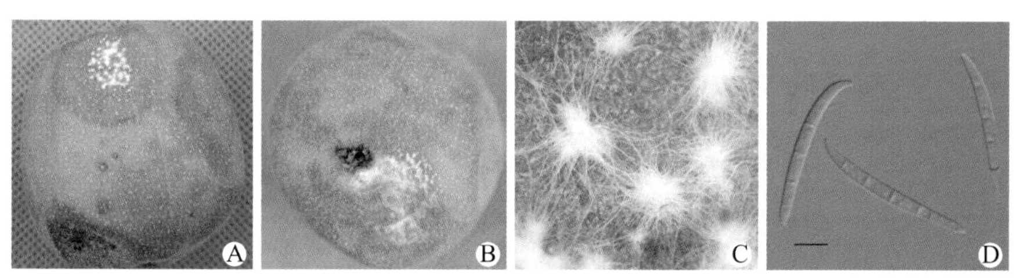

图 3-9　由镰孢菌（*Fusarium* sp.）引起果实腐烂的症状及病原图
（A，B：症状；C：病部形成的白色霉状物；D：分生孢子）

（3）链格孢腐烂病。发病果实呈现不规则褐色病斑，病健交界处无明显环带，病部表面略硬且凹陷，后期在病斑上形成黑色霉状物（图 3-10）。

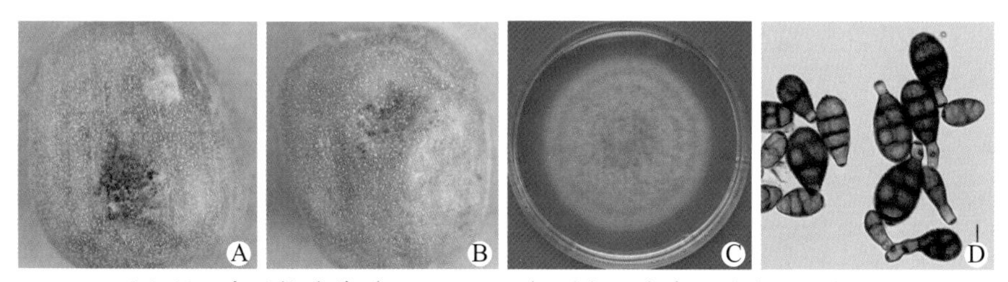

图 3-10　由链格孢菌（*Alternaria* sp.）引起果实腐烂的症状及病原图
（A，B：症状；C：菌落；D：分生孢子）

（4）青霉病。发病果实呈现圆形或不规则浅褐色病斑，病健交界处有暗绿色水渍状环带，病部表面变软且凹陷。病部先长出白色菌丝，很快转变为青色霉层，有较重的霉味（图 3-11）。

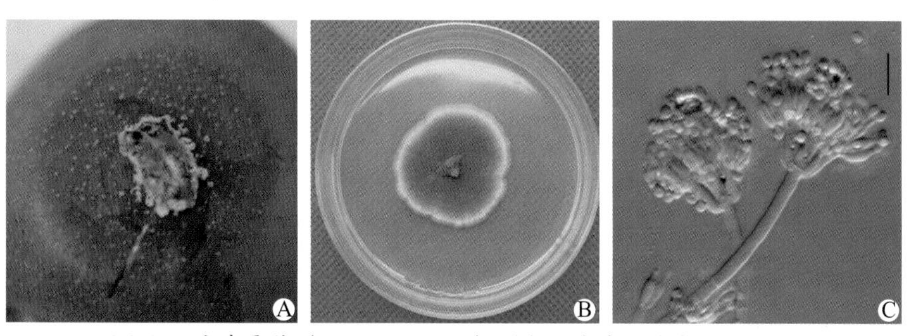

图 3-11　由青霉菌（*Penicillium* spp.）引起果实腐烂的症状及病原图
（A：症状；B：菌落；C：分生孢子梗及分生孢子）

此外，还有因伤口、冻害等物理伤害或后期营养消耗殆尽等生理伤害而引起的猕猴桃果实腐烂。

3.4.2 病原

引发采后猕猴桃果实腐烂病的病原有多种，上述腐烂病均由真菌所致，对应的病原分别为灰葡萄孢（*Botrytis ceneria*）、镰孢菌（*Fusarium* sp.）、链格孢菌（*Alternaria* sp.）、青霉菌（*Penicillium* spp.）。

3.4.3 发病规律

猕猴桃灰霉病是除软腐病外发生最为严重的贮藏期病害，灰葡萄孢可在猕猴桃的病果、伤果以及坏死叶片，甚至杂草上产生孢子，在春季猕猴桃花期侵染花瓣和花药，进而侵染萼片与花托。花后 30 ～ 60d 以及 120 ～ 150d 是猕猴桃萼片感染灰葡萄孢的高峰期，侵染具有累积性和潜伏性。灰葡萄孢主要从猕猴桃采收造成的伤口侵染，在低温贮藏 4 周后开始表现症状。采收时，猕猴桃有伤的果柄基部（果蒂）是灰葡萄孢首选的侵染点。感染灰葡萄孢的猕猴桃在低温贮藏时会产生少量乙烯，可能加速健康果实的软化，缩短贮藏期。

其他病菌主要在采收或运输时随果实进入贮藏库，主要通过伤口、皮孔或果蒂处侵入，最终在果实低温贮藏期间表现症状。

3.4.4 防治方法

（1）农业防治。彻底清园，清扫落叶落果，剪除病枝，消灭病菌载体；加强果园管理，重施基肥，及时追肥，增强树势；减小园地荫蔽，改善通风及光照条件；幼果套袋；采收、运输中避免果实碰伤；根据品种特性，选择适宜温度贮藏，避免冷害。

（2）化学防治。贮藏库使用前进行消毒处理。果实采收前喷施一次广谱性杀菌剂，或入库前浸药一次，所有过程避免造成机械损伤。可选用的药剂：75% 肟菌 • 戊唑醇水分散剂 4000 ～ 6000 倍液、42.8% 氟菌 • 肟菌酯悬浮剂 1500 倍液、35% 苯甲 • 咪鲜胺水乳剂 500 ～ 750 倍液、50% 扑海因（异菌脲）可湿性粉剂 1000 ～ 1500 倍液、50% 盐酸抑霉唑 2000 ～ 3000 倍液、42.4% 唑醚 • 氟酰胺悬浮剂 1500 倍液等。

3.5 猕猴桃花腐病
(kiwifruit flower blight)

3.5.1 症状

猕猴桃花腐病菌主要危害花和幼果。感染花后，首先使花瓣变褐腐烂，雄蕊变黑褐色，在花萼上出现下凹斑块，花蕾膨大，花瓣呈橙黄色，内部器官呈深褐色，花蕾不能开放，直至脱落。感染幼果后，易引起幼果变褐萎缩，脱落。

多种病菌可引起花腐病，主要有溃疡病菌和灰霉病菌。

溃疡病菌引起的花腐病：花蕾染病后，花蕾枯萎不能张开，变褐枯死，少数开放的花也难结果，即使结果，果实变小，易形成畸形果、落果。花器受害，花冠变褐呈水腐状，潮湿时分泌乳白色菌脓。花萼一般不受侵染或仅形成坏死小斑点。

灰霉病菌引起的花腐病：花受侵染后，初呈水渍状，后逐渐变褐腐烂，表面形成大量灰色霉层（即病菌的分生孢子梗和分生孢子）。落花时，正常花瓣或染病的花瓣落到叶片上则在相应部位形成褐色坏死斑。

3.5.2 发病规律

猕猴桃花腐病病原菌在树体的叶芽、花芽和土壤病残体上越冬。早春通过风雨、人工授粉等途径传播。

3.5.3 防治方法

（1）加强果园培肥管理，及时摘除病蕾、病花。

（2）萌芽前喷施 3 ～ 5 波美度石硫合剂清园。

（3）其余防治方法参见猕猴桃灰霉病和猕猴桃溃疡病的防治方法。

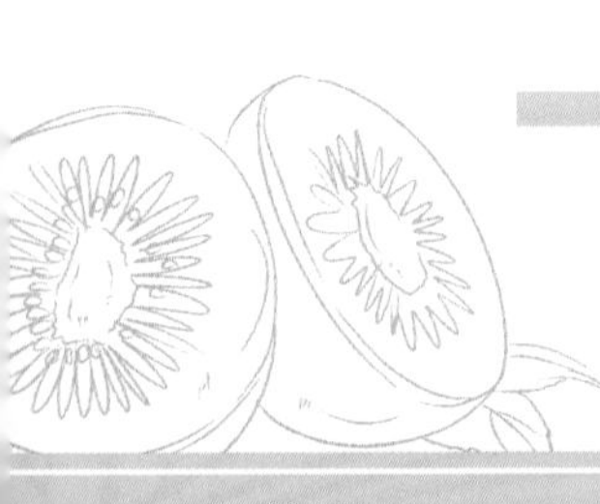

第4章

根部病害

4.1 猕猴桃根结线虫病
(Kiwifruit root knot nematode)

猕猴桃根结线虫病是危害猕猴桃根部的一种重要病害，通过危害根系，造成植株矮小，产量降低且果实品质差，严重时导致植株萎蔫死亡。

4.1.1 症状

受害根系萎缩，根上形成单个或成串的近圆形根瘤，或者数个根瘤融合成根结团。初期根瘤及根系颜色相同，根瘤表面光滑，先在嫩根上产生细小肿胀或细小瘤，数次侵染则形成较大瘤状物；瘤状物初期白色，后浅褐色，再深褐色，后期根瘤及其附近根系逐渐变黑并腐烂（图 4-1）。未腐烂的根瘤

图 4-1　根结线虫病根结症状

内可见乳白色的梨形或者柠檬形线虫（图 4-2）。受害植株树势衰弱，发梢少而纤弱，叶片黄化及提前掉落。

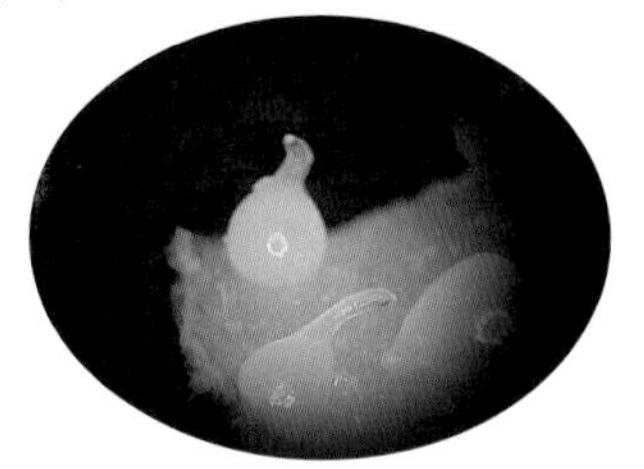

图 4-2　根结线虫雌虫

4.1.2 病原

猕猴桃根结线虫病的病原主要为南方根结线虫（*Meloidogyne incognita*）。雌虫乳白色，梨形，有突出颈部，口针短且明显，口针锥朝背面弯曲，有口针基部球，阴门和肛门端生，会阴花纹背弓较高；雄虫蠕虫状，头架发达，口针比雌虫的长，口针基部球明显，尾部短、末端半球形，交合刺发达、略弯曲，无交合伞。

4.1.3 发生规律

根结线虫一年发生多代，雌虫体外产卵。卵产于猕猴桃根内或根外的基质中，一个基质中藏卵 500 ～ 1000 粒。2 龄幼虫开始危害，从根尖处侵入并至嫩根皮层。病根受为害及分泌物刺激影响，形成多核的根瘤，根瘤多时一株树（苗）数以百或千计。幼虫有迁移至新嫩根取食的习性。25 ～ 28℃有利发生和发展。气温适宜，卵 2 ～ 3d 孵化，幼虫可存活 1 个月至数月；幼虫 2 ～ 3 周成熟产卵，所以常致几代重叠复合侵害。多孤雌生殖，雄虫在根和土中少见。以卵在基质中越冬。幼虫在 1 ～ 40cm 土层中活动，主要以种苗、带病原泥土、水流、农具、人和牧畜及自身迁移方式扩展，从病区引入病苗为最普遍、最常见的传播形式。

4.1.4 防治方法

猕猴桃受根结线虫危害很难根治，所以预防重于治疗。

（1）建立无病苗圃，加强检验，严禁从病区调运苗木，一旦发现病苗或重病树要挖除烧毁。

（2）农业措施。育苗基地采用水旱轮作（水稻←→猕猴桃苗，每隔 1 ～ 3 年）育苗。搞好土壤改良，改善土壤通透性。多施有机肥。

（3）药剂防治。定植时用杀线虫剂进行土壤消毒和浸根处理，生长期浇施于耕作层（深 15 ～ 20cm）。药剂可选用 1% 阿维菌素缓释粒 2250 ～ 2500g/ 亩，或 25 亿孢子 / 克厚孢轮枝菌微粒剂 175 ～ 250g/ 亩，或 10% 噻唑膦 1500 ～ 2000g/ 亩，或 2 亿孢子 / 克淡紫拟青霉粉剂 1.5 ～ 2.0kg/ 亩，或 41.7% 氟吡菌酰胺悬浮剂 0.1 ～ 0.3mL/ 株，或 21% 阿维 • 噻唑膦水乳剂 500 ～ 1000mL/ 亩。

4.2 猕猴桃根腐病
(Kiwifruit root rot)

猕猴桃根腐病为毁灭性病害，能造成猕猴桃根颈部和根系腐烂，严重时整株死亡。猕猴桃根腐病分为生物因素引起的根腐病和非生物因素引起的根腐病。

4.2.1 症状

（1）生物因素引起的根腐病主要由蜜环菌、疫霉属、小核菌属等所致。蜜环菌引起的根腐病初期在根颈部皮层出现暗褐色水渍状病斑，之后皮层变黑，韧皮部脱落，木质部变褐腐；后期病斑向下蔓延，整个根系腐烂。潮湿时病部组织内充满白色至淡黄色的扇状菌丝层，病组织在黑暗处可发蓝绿色荧光。地上部树叶变黄脱落，部分枝条干枯乃至整株萎蔫枯死（图 4-3）。疫霉属引起的根腐病：病原从根尖或者根颈部侵入，然后逐渐向内部扩展，在发病高峰或者土壤潮湿时均可见病部有白色丝状物。小核菌属主要引起白绢病，在根颈附近产生大量白色绢丝状菌索，皮层腐烂（图 4-4）。根腐病可造成树势严重衰弱，萌芽推迟，枝蔓顶部枯死，严重时可导致病株枯死。

图 4-3　蜜环菌根腐症状（左）与正常根（右）

图 4-4　白绢病症状

（2）非生物因素引起的根腐病：生理性根腐（如旱涝），地下部表现为土壤板结，根系浅层分布，植株腐烂，主根皮层变红呈鞘状，多数根系死亡。地上部表现为植株叶片大面积变黄、枯萎，叶边缘焦枯和植株枯死。腐烂根系皮层下面可见腐生的白色菌索。图 4-5 ～图 4-7 为土壤板结、积水造成的根腐病，图 4-8 为烂根部长出的腐生菌。

图 4-5　土壤板结的定植穴

图 4-6　土壤板结造成的根腐病—根系变色

图 4-7　积水造成的根腐病

图 4-8　烂根部后期腐生的真菌

4.2.2 病原

（1）生物因素。蜜环菌（*Armillariella mellea*），属担子菌门的蜜环菌属。子实体丛生，菌盖蜜黄色，担孢子单胞无色，近球形。疫霉属（*Phytophthora* sp.），孢子囊柠檬形，有乳突，萌发产生游动孢子。小核菌属（*Sclerotium* sp.），菌核圆形，黑褐色，似油菜籽状。此外，还有其他一些不明因素。

（2）非生物因素：包括土壤板结、干旱、洪涝、积水、肥害等。非生物因素不仅直接引起根腐病，还有利于生物因素类病原的侵入，导致两类病害同时发生。

4.2.3 发病规律

（1）4、5月开始发病，7～9月为严重发生期，10月以后停止发病，高温高湿条件下病害扩展迅速。

（2）蜜环菌、小核菌等根腐病菌以菌丝或菌索等结构在土壤或病残体中越冬，翌年春季随耕作或地下昆虫传播，可从伤口或直接侵入根系。

（3）疫霉菌根腐病菌以卵孢子在病残体中越冬，翌年温度转暖后卵孢子萌发产生游动孢子囊，进而释放游动孢子，游动孢子借助风雨或者流水传播，从伤口侵入组织。

4.2.4 防治方法

（1）农业防治。雨季及时开沟排水，定植不宜过深，施腐熟的有机肥。园地要选择在通透性好的沙壤土上，已建在黏土上的猕猴桃园，要深耕，掺沙改土，增施有机质。树盘覆盖松针、园内生草，夏季高温季节保持根层土壤湿润，避免根系受伤。

（2）化学防治。树盘施药在3月和6月中、下旬，浇施于耕作层药剂有65%代森锌可湿性粉剂600～1000倍液，或58%甲霜灵•锰锌可湿性粉剂600～1000倍液，或30%噁霉灵水剂1500～2000倍，或0.3%四霉素水剂500～750倍液，或20%二氯异氰尿酸钠可溶粉剂300～400倍液，或70%噁霉灵可溶粉剂200～300倍液等，或30%甲霜恶霉灵水剂100～130mL/亩。

4.3 猕猴桃立枯病
(Kiwifruit seedling blight)

4.3.1 症状

立枯病主要危害猕猴桃幼苗根颈部及其以上的茎干和叶片。根颈部发病，初呈水渍状小斑，半圆形或不规则形，之后病斑逐渐扩大，绕茎四周向下凹陷呈黑褐色；后期根颈缢缩腐烂，病苗萎蔫倒伏枯死。叶片受害多从叶缘开始，病斑多为不规则形，发病初期叶片白天萎蔫，晚上或清晨恢复正常，后期叶片腐烂或干缩，病部产生的大量白色菌丝最终形成菌核。

4.3.2 病原

立枯病为真菌性病害，病原为立枯丝核菌（*Rhizoctoniasolani*），属半知菌类。有性态为瓜亡革菌（*Thanatephorus cucumeris*），担子菌门的亡革菌属。菌丝体有隔，初无色，老熟后呈浅褐色至黄褐色，近直角分支，分枝基部稍微缢缩，离分枝不远处有一个隔。老熟菌丝部分细胞膨大成酒坛状，菌丝交织形成菌核，菌核形状不规则且表面粗糙，初为白色，后变为不同程度的褐色。

4.3.3 发病规律

立枯病菌以菌丝体或者菌核在土壤或者病残体中越冬，菌核抗逆性强，耐酸碱，一般能存活数年。病菌借助农事耕作、流水、雨水等传播，可从伤口或皮孔侵入幼苗。高湿环境是该病流行的重要条件，高温高湿时发病严重。

4.3.4 防治方法

（1）农业防治。选择地势高、排水好、土质疏松的地方建苗圃。播种前土壤应充分翻晒和消毒，施用腐熟的有机肥。若出现病苗，应及时挖除烧毁，并用药剂或草木灰加石灰（草木灰：石灰＝8 ： 2）撒苗床，防治病菌蔓延。苗圃应通风透光。

（2）化学防治。发病初期喷施70%噁霉灵可溶粉剂600～800倍液，或80%代森锌可湿性粉剂500～700倍液，或多抗霉素可湿性粉剂100倍液，或25%吡唑醚菌酯悬浮剂1500～2000倍液，或1∶1∶200波尔多液，或0.3～0.5波美度石硫合剂。每周喷1次，连续2、3周。

4.4 猕猴桃根癌病
(Kiwifruit root cancer)

4.4.1 症状

猕猴桃发生根癌病初期主要在侧根和主根上形成球形或近球形的多个瘤体，乳白色至红白色，表面光滑，多个瘤体汇合后呈不规则根瘤，并变为深褐色，表面粗糙，质地较硬。有些瘤体中间有裂痕。患病植株根系吸收功能受阻，叶片发黄，叶子和果实均较小，经过一段时间后，植株因缺乏必要的营养而死亡（图 4-9）。

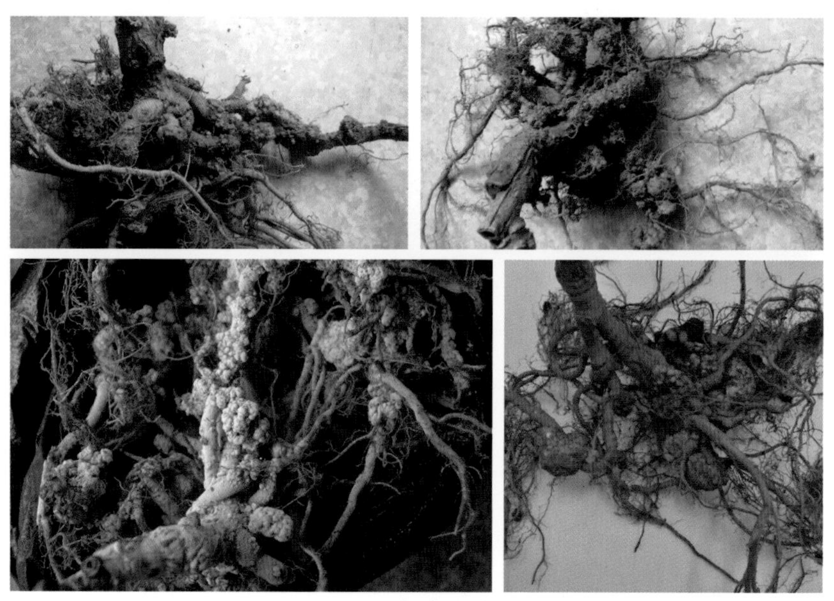

图 4-9　根癌病症状

4.4.2 病原

猕猴桃根癌病的病原为根癌土壤杆菌（*Agrobacterium tumefaciens*）。菌体为短杆状或卵状，大小为（1.2 ~ 5.0）μm×（1.0 ~ 1.6）μm，多数无鞭毛，具荚膜，无芽孢。菌落为乳白色，表面光滑有光泽。病原菌在 15.0 ~ 35.0℃均能够生长，最适生长温度为 22.5℃，最适 pH 为 6.0 ~ 6.5。

4.4.3 发生规律

猕猴桃根癌病病原菌在癌瘤组织的皮层中存活和越冬，树体死亡后，病原菌在崩解的病残体和土壤中越冬，在地温达到一定温度时可通过根部的伤口侵入。该病的发生与土壤条件有很大的关系，碱性土壤和黏重土壤都有利于病害的发生，酸性土壤不利于发病，管理较好的果园根癌病发生较轻，在频繁耕种和地下虫害发生严重的果园根癌病发生相对较重。

4.4.4 防治方法

（1）避免在碱性土壤和特别黏重的土壤上建园，应该在微酸性的土壤上建园，对地下水位较高地块，可采取高出地面 10cm 垄栽，在管理上应该避免伤根和防治地下害虫。

（2）严格检疫。建园时禁止从病区调运苗木，对新植苗木进行药剂处理。

（3）对已感染根癌病较轻的果树，要及时刨开根部土壤晾晒，将病斑刮除，再用石硫合剂或菌毒清水剂涂抹伤口杀菌。

（4）对发病严重的植株要带根挖出销毁，更换病株根部土壤，并用菌毒清或代森锌浇灌病株根部土壤。

（5）对因过量施肥造成肥害的果园，应及时灌水降低肥料浓度，疏除部分果实，节约营养，促进根系恢复。

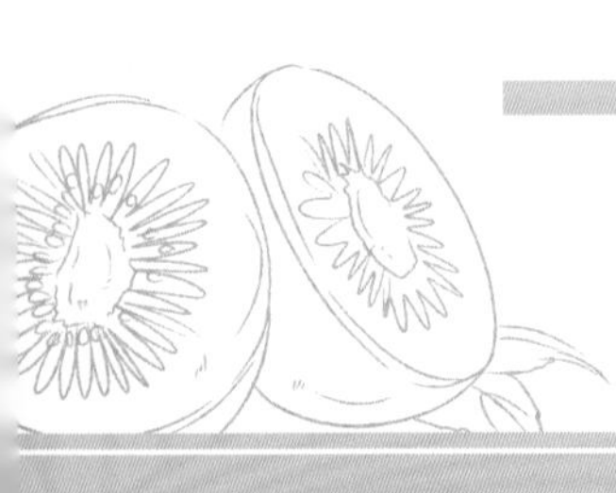

第5章

生理性病害

猕猴桃生理性病害（非侵染性病害）主要指猕猴桃种植和贮运过程中遭遇不适宜的各种非生物因素，直接或间接引起的一类病害，不互相传染。引起猕猴桃生理病害的因素主要有化学因素和物理因素两大类，如缺素症、药害、大气污染、旱涝霜冻等。本章主要介绍缺素症引起的猕猴桃生理性病害，部分资料及照片来自新西兰猕猴桃网。

5.1 缺 氮

5.1.1 症状

猕猴桃缺氮叶色从深绿变为浅绿，严重缺氮的叶片均匀黄化，叶脉仍保持明显绿色，生长势衰弱。缺氮症状首先在老叶上出现，逐步向新叶扩展，最后到整个植株。老叶在缺氮的情况下叶片边缘呈烧焦状，叶尖呈黄褐色焦枯状，随后沿边缘向叶柄扩展。坏死的组织微向上卷曲，植株生长缓慢，矮小，叶绿素减少，果实变小。在生长季节，猕猴桃植株新梢基部的叶片呈浅绿色表明植株明显缺氮。树体轻度缺氮，叶色变化不明显（图 5-1）。

图 5-1 叶片缺氮症状

5.1.2 发生原因

当植物体内的氮元素占干物质含量在1.5%以下时，缺氮症状出现。在生物体内，蛋白质最为重要，蛋白质是构成原生质的物质基础，氮素是蛋白质的重要组成成分；缺氮后叶绿素含量下降，叶片变黄，光合作用强度减弱。另外，氮素也存在于许多酶中，以及一些维生素、生物碱和细胞色素中。氮素也是细胞分裂素的组分之一，细胞分裂素可以延缓和防止植物器官衰老，缺氮可以使猕猴桃叶片早衰，提前落叶。供氮状况直接关乎作物体内各种物质的合成和转化。

造成缺氮主要有以下几方面：①土壤含氮量低，沙质土壤，易发生氮素流失、挥发和渗漏，因而含氮量低；②有机质少、风化程度低、淋溶强烈的土壤易缺氮，如新垦的红黄壤；③多雨季节，土壤通透性差导致根系吸收不良，引起缺氮；④树体贮藏营养水平不足，易在萌芽后至开花前发生缺氮；⑤大量施用未腐熟的有机肥料，造成有害微生物增多，引起缺氮。

5.1.3 防治方法

建园改土时施足基肥，这是一个非常重要的防止缺氮的措施。以后每年秋施基肥时，可以补充一些氮肥，因为秋季是积累营养较好的一个时期，光照、水分、温度条件合适，将为来年的树体发芽准备较充足的营养。

在展叶期喷施0.1%～0.3%尿素溶液2次或3次。注意氮、磷、钾肥的配合施用，不要偏施某一种肥料，以免造成过量或不足。

5.2 缺 磷

5.2.1 症状

磷元素主要分布在生长点等植物生命活力最旺盛的器官中，幼叶多于老叶。猕猴桃缺磷时叶片一般不易出现斑点，但会变小。轻度缺磷叶片色泽变化不大，严重时会在老叶出现叶脉间失绿，叶片呈紫红色，背面的主脉和侧脉红色，向基部逐步变深（图 5-2）。红肉猕猴桃缺磷时叶片正面皱缩并呈现凹凸不平并呈现深绿色。目前，很多猕猴桃产区对磷元素的施用已超量，超量也会引起很多不良反应，磷元素可以抑制植物对氮元素和钾元素的吸收，引起生长不良。过多施用磷元素还可以使土壤中或植物体内的铁钝化，还有可能引起锌元素的缺乏。

图 5-2 叶片缺磷症状

5.2.2 发生原因

植物缺磷大多数是由于磷在土壤中被固化，磷与铁元素、铝元素等生成了难溶性的化合物。碱性土壤磷元素又与土壤中的钙结合；干旱缺水也会严重影响磷元素向根系扩散。很多猕猴桃园区套种了十字花科植物，十字花科植物对于磷元素的消耗量较大。另外，猕猴桃根系只能吸收到距离较近的可溶性磷元素，根系发育不好，将会影响对磷的吸收。

5.2.3 防治方法

建园改土时每亩混入300kg过磷酸钙可提高土壤含磷量。猕猴桃生长季节少量多次土施磷酸二氢钾及磷酸氢铵等速效肥料，也可叶面喷施0.1%～0.3%磷酸二氢钾溶液。秋季施用基肥时施用过磷酸钙、钙镁磷肥等。

5.3 缺 钾

5.3.1 症状

缺钾的第一个症状就是阻断芽的生长。缺钾植株叶片会变小、颜色变为青白色，老叶边缘会轻微的枯萎变黄。某些品种缺钾还会出现枝条细长、节间变长的现象。当缺钾症状进一步发展，老叶边缘向里向上卷起，一天中当温度较高时表现更为明显，此症状与缺水症状相似。如果没有及时补充钾肥，老叶的边缘将会永久性地卷起，并且小叶脉之间的组织会向上隆起。同时最初在叶片边缘产生的轻微的萎黄症状从叶脉之间延伸至中脉，只剩下靠近主叶脉组织和叶片的基部为绿色。缺钾症状后期，叶片大部分变为焦枯状，并逐步破碎。严重的缺钾会引起植株过早落叶，严重影响产量（图 5-3）。

图 5-3　叶片缺钾症状

5.3.2 发生原因

钾元素在猕猴桃体内移动性较强。钾元素被称为“抗逆元素”，能够提高植物的抗旱、抗寒、抗病、抗盐的能力。钾元素也被称为“品质元素”，可以改善猕猴桃品质，延长果实贮藏期，提升果实风味。

缺钾使猕猴桃叶片出现枯焦、褐色斑点和坏死组织的原因在于，缺钾条件下猕猴桃体内蛋白质合成受阻同时出现大量异常的含氮化合物，这些含氮化合物对其有毒害作用，在老叶中积累较多。

出现缺钾症状的叶片含钾量一般只有健康叶片的一半以下。5 月份取样，当成熟叶片内的钾元素占干物质含量少于 2.8% 时就会出现缺钾症状。缺钾主要由以下原因：①修剪、采果带走的钾元素较多，因此成龄树损失的钾元素比幼树多。②红黄壤土、冲积物发育的泥沙土及丘陵山地新垦红壤等，土壤含钾量较低，土壤钾元素流失也较严重，有效钾不足。③大量偏施氮肥，而有机肥和钾肥使用量少。④土壤中施入过量的钙和镁元素，会导致元素间的拮抗而导致缺钾。⑤土壤排水不良，土壤还原性强，根系活力降低，影响钾元素的吸收。⑥果园中杂草和苜蓿对钾元素的竞争。⑦果园漫灌方式易造成钾流失。

5.3.3 防治方法

施用钾肥可以有效改善缺钾症状，常施用的有硫酸钾、氯化钾等。猕猴桃特别是四川主栽的红心猕猴桃，对氯元素的需求量较大，当钾肥供应不足时，对氯的需求量更大，因此，施用氯化钾肥料比硫酸钾肥料效果更好。猕猴桃生长期 3 个月内，施用 4 次氯化钾，每次亩施 6 ～ 7kg，一般不会产生氯离子中毒的现象和抑制猕猴桃生长，果实产量明显增加。每次施用钾肥不能过量，若钾离子浓度大，就会影响根系对镁、钙离子的吸收。每年追施钾肥 2、3 次，成龄园每年亩施氯化钾 30kg 比较合适，对于生长较旺的品种可以适当提高用量。需要注意的是，适量挂果，合理负载。在生长季节如果出现较为严重的缺钾，可以配合叶面喷施 0.2% ～ 0.3% 磷酸二氢钾溶液。进行生草覆盖的园区要加大施钾量。

5.4 缺 铁

5.4.1 症状

缺铁症首先发生在刚抽出的嫩梢叶片上，叶片呈鲜黄色，叶脉两侧呈绿色脉带，受害轻时褪绿出现在叶缘，在叶基部近叶柄处有大片绿色组织。严重时，叶片变成淡黄色甚至白色，而老叶保持正常绿色，最后叶片出现不规则的褐色坏死斑，受害新梢生长量很小，花穗变成浅黄色，坐果率降低（图 5-4）。缺铁的红肉猕猴桃果实小而硬，果皮粗糙，果皮变为乳白色或淡红色，果肉全部呈淡红色。

图 5-4　叶片、果实缺铁症状

5.4.2 发生原因

铁在植物体内的作用是促进多种酶的活性，铁不足时，将妨碍叶绿素的生成，因而形成缺铁性的褪绿。猕猴桃体内的铁元素是细胞色素氧化酶、过氧化氢酶、过氧化物酶的重要组成部分，也是合成叶绿素时所必须的。铁与有机化合物结合后，能提高其氧化还原能力，调节植物体内的氧化还原状况。因为铁在植物体内不能从组织的一部分运输到另一部分，所以缺铁的黄化首先发生在新生长的和刚展开的叶片上。在不良的土壤环境条件下会限制根对铁元素的吸收，而不一定是土壤中含铁量不足。如春天低温时间过长，地温回升缓慢，暖春温湿度适宜，有利于植株的迅猛生长，影响根对铁的吸收；土壤中的石灰（钙质）或锰过多，铁会转化成不溶性的化合物而使植株不能吸收铁来进行正常的代谢作用；猕猴桃根为浅生根，呼吸和蒸腾作用都比较旺盛，对水分过多或过少的反应特别敏感，土壤渍水引起根系吸收困难，进而吸收的铁元素减少；果园土壤管理粗放也很容易造成植物缺铁。由此可见，植物产生缺铁症的病因很复杂。一般植物体内的铁含量为 80 ～ 200mg/kg（以干物质计），当叶片中的铁含量低于 60mg/kg 时，就会出现缺铁症状。

5.4.3 防治方法

（1）植物叶片缺铁黄化多是由土壤 pH 过高引起，因此可通过施用能增强土壤酸性的化合物来矫正，将土壤中的 Fe^{3+} 转化为 Fe^{2+}。主要使用的是硫黄粉、硫酸铝和硫酸铵。

（2）冬季修剪后，用 25% 硫酸亚铁 +25% 柠檬酸混合液涂抹枝蔓。

（3）直接向土壤中施入硫酸亚铁，或叶面喷 0.1% ～ 0.3% 硫酸亚铁 +0.15% 柠檬酸混合液，也可叶面喷 98% 螯合铁 2000 倍液，每隔 7 ～ 10d 喷一次，连续喷 3 次或 4 次。

（4）在堆制腐熟有机肥时，加硫酸亚铁 20 ～ 25kg/t，与有机肥充分腐熟，溶解在有机肥中，在使用有机肥时一并施入。硫酸亚铁和有机肥混施效果很好。

（5）可以使用含硫酸亚铁的商品制剂，在距离地面 10cm 处的主干上打孔，将商品药片放入孔内，放入后封口用嫁接膜缠绑。此方法见效较快，5 ～ 7d 后叶片开始转绿。

（6）当酸性土壤缺铁时，在施基肥时结合施入螯合铁、黄腐酸二铵铁等有机铁。

5.5 缺 镁

5.5.1 症状

缺镁一般先在植株基部老叶上发生，初期叶脉间褪绿，后期叶脉间发展成黄化斑点，失绿呈斑点状是缺镁的一个重要特征。植株严重缺镁时，脉间组织干枯死亡，呈紫红色的花斑叶。在一片叶子上黄化多由叶片内部向叶缘扩展，进而叶肉组织坏死，仅留叶脉保持绿色，界线明显。植株生长初期缺镁症状不明显，进入果实膨大期后逐渐加重，坐果量多的植株较重，果实还未成熟便出现大量黄叶，但是缺镁引起的黄叶一般不早落（图 5-5）。

图 5-5　叶片缺镁症状

5.5.2 发生原因

镁是叶绿素的重要组成成分，所以植物缺镁时通常表现为叶片失绿。植物缺镁主要是因为土壤有机质含量低，可供利用的可溶性镁不足。此外，在酸性土壤上，镁元素较易流失。施钾过多也会影响植物对镁的吸收，造成缺镁。

5.5.3 防治方法

（1）增施优质有机肥，选择含镁量较高的复混肥作为底肥。

（2）在猕猴桃出现缺镁症状时，叶面喷施 1% ～ 2% 硫酸镁溶液，隔 20 ～ 30d 喷 1 次，共喷 3 次或 4 次，可减轻病症。

（3）缺镁严重的土壤，应考虑和有机肥混施硫酸镁，每亩 2 ～ 3kg。微溶性镁肥如钙镁磷肥、白云石及蛇纹石等做底肥较好。

5.6 缺 锌

5.6.1 症状

植物缺锌容易发生斑点病，缺锌症状最先出现在老组织中。猕猴桃缺锌的症状为老叶叶脉变为暗绿色，暗绿色叶脉和鲜黄色叶面的对比很明显。缺锌的猕猴桃叶片会在主脉两侧出现小的斑点，严重时会在生长积极的幼嫩部分出现营养缺乏的症状，叶片变小且簇生，新梢节间缩短，腋芽萌生。猕猴桃严重缺锌时可明显影响侧根的发育，叶片缺锌通常到生长中期才出现（图 5-6）。

图 5-6　叶片缺锌症状

5.6.2 发生原因

沙地、偏碱地以及贫瘠山地的猕猴桃果园，容易出现缺锌现象，土壤中磷元素过多或者使用磷肥过早都会影响猕猴桃对锌元素的吸收。有些研究者提出了光照条件有可能影响植物体对锌的吸收，例如，向阳坡地较强的光照会促发缺锌症。叶片营养分析表明，叶片中的锌含量通常是 15 ～ 28mg/kg（以干物质计），当充分展开的最幼嫩叶片中锌含量低于 1.2mg/kg 时，就会出现缺锌症状。

5.6.3 防治方法

当猕猴桃树出现的缺锌症状时，可根外喷施 0.3% 硫酸锌或氯化锌溶液，若加入 0.5% 的尿素，效果会更好。也可以将锌肥混入有机肥中，按照每株成年树 100g 左右的量施用硫酸锌，这种施入方式见效较慢，但是持效期较长，可持续 2 ～ 3 年。另外，对于缺少中微量元素，效果较好的方法就是多施用有机肥，提高土壤肥力。

5.7 缺 钙

5.7.1 症状

缺钙的猕猴桃植株生长不良，多表现在成熟的叶片上，严重的缺钙症状最先出现在老叶上，随后波及嫩叶。表现为叶基部的叶脉出现坏死并变黑，坏死的部分会扩散到健康的叶脉上，坏死区域扩大，坏死组织相互结合。当叶面上坏死的组织干枯后，叶片变脆，出现落叶（图 5-7）。缺钙也会影响猕猴桃的根部，在严重缺钙的植株中，根的结构很难形成，根的顶点坏死。缺钙植株坐果少且小，畸形率增加，落果现象严重。

图 5-7　叶片缺钙症状

5.7.2 发生原因

土壤中钙含量不足 2.3%，结果枝上成熟的叶片全钙含量低于干物质的 2.4% 为缺钙，3% ～ 4% 为适量，高于 4.5% 为过剩，低于 0.2% 就会出现较为严重的缺钙症状。缺钙主要有以下原因：①土壤中的钾肥过多，钾离子浓度大，影响根系对钙的吸收。②多雨季节，酸性土壤中钙元素很容易淋溶流失。③偏施氮肥，特别是酸性肥料较多时，造成土壤酸化严重，导致钙元素的流失。

④有机肥使用量较少，土壤的保肥能力较差，在沙壤土中，钙元素流失严重。
⑤猕猴桃根部水分不足，导致土壤盐浓度增加，影响根系对钙元素的吸收。

5.7.3 防治方法

猕猴桃缺钙时，使用过磷酸钙可以缓解缺钙现象。果园广泛撒施石灰或含钙量较高的肥料可以防止缺钙现象的发生。在酸性土壤中多施钙镁磷肥。在严重缺乏钙元素的果园，可以于谢花后 20 ～ 60d，也就是果实膨大期，叶面喷施含钙微肥，每隔 10d 喷施一次，连续喷施 2 ～ 4 次。

5.8 缺硼

5.8.1 症状

图 5-8 叶片缺硼症状

缺硼在新叶上的典型表现是出现小的不规则黄色组织，在叶脉两边这些斑点逐渐扩大，相互结合形成一个大的黄色区域。叶片的叶缘处仍保持绿色。同时没有成熟的叶片也会增厚，变畸形和扭曲（图 5-8）。当缺硼严重时，茎节间的生长易受到限制，植株矮小。缺硼可引起枝蔓粗肿病，在主蔓或侧蔓上出现上段和下段较细、中间较粗的症状。树干皮孔突出，树皮变粗或开裂。严重缺硼会影响到花的发育，影响授粉受精，果实变小，种子变少；树干干裂变成褐色，甚至出现整株死亡。

5.8.2 发生原因

成熟叶片中所有形式的硼含量低于 40mg/kg（干物质重）时易表现缺硼症状。液体培养试验和叶片化学分析表明，嫩叶中硼含量低于 20mg/kg（干物质重）时就会出现缺硼症状。缺硼经常出现在有机物含量较少的沙质土中。土壤过于干旱的园区也容易出现缺硼症状。

5.8.3 防治方法

有效硼缺乏，应该增施有机肥，活化土壤，提高土壤肥力，土壤干旱时应及时浇水。

堆制腐熟粪肥时，可以每吨粪肥加入硼酸 1 ～ 2kg 混匀。采果后结合施用有机肥加入适量硼肥。田间出现轻微缺硼现象时，可以叶面喷施 0.1% 硼砂溶液缓解缺硼现象。猕猴桃对硼过量非常敏感，要注意用量。

5.9 缺 铜

5.9.1 症状

猕猴桃缺铜时幼叶变为浅绿色，在叶脉之间变色症状更加明显，仅剩主叶脉保持深绿色，症状区域最终变成白色。严重缺铜会导致顶端枯萎，节间缩短，枝梢丧失顶端优势，出现过早落叶现象。

5.9.2 发生原因

健康叶片中铜含量为 8 ～ 10mg/kg（干物质重）。充分扩展的幼小叶片中铜含量低于 3mg/kg（干物质重）时，植株会出现缺铜症状。在可利用铜很低的石灰质土壤中常发生缺铜症状。

5.9.3 防治措施

猕猴桃叶片对铜的施用比较敏感，使用铜制剂一定要谨慎，结合防病，叶面施用波尔多液，即可缓解缺铜症状。

5.10 缺氯

5.10.1 症状

猕猴桃是一种喜氯植物，当缺少氯元素时，在老叶顶端主脉侧脉间，首先出现散生片状失绿，由叶缘向侧、主脉扩展，叶缘常呈连续状，反卷呈杯状；幼叶有轻度小叶现象。幼叶面积减少，根生长减缓，距离根端 2 ～ 3cm 的组织有肿大现象，常被误诊为根结线虫病（图 5-9）。

图 5-9　叶片缺氯症状

5.10.2 发生原因

氯元素是一种比较特殊的矿质营养元素，参与光合作用，调节气孔运动，抑制病害发生。植物体内每千克干物质氯含量低于 0.6% 时，即可出现缺氯症状。在雨水较多的地区，土壤中的氯元素淋溶较多，易引发缺氯。另外，猕猴桃对氯元素的需求较一般作物大，长期施用缺氯的肥料易导致缺氯。

5.10.3 防治方法

土施氯化钾，盛果期园参考用量为 150 ～ $225kg/hm^2$，分两次施用，间隔 20 ～ 30d。

5.11 缺硫

5.11.1 症状

猕猴桃缺硫时植株生长缓慢，幼嫩组织首先出现症状。嫩叶呈浅绿色到黄色，褪绿斑逐渐扩大，仅在主、侧叶脉结合处保留一块楔形的绿色，严重时，嫩叶的脉网组织全部褪绿。与缺氮症状的主要区别在于缺硫会出现叶脉失绿，但叶缘不会焦枯。

5.11.2 发生原因

土壤质地较贫瘠，有机质匮乏，有效硫含量低。长期不使用有机肥、含硫的肥料以及含硫的农药也容易出现缺硫现象。

5.11.3 防治方法

通过施用硫酸钾等含硫肥料进行调整。

5.12 干旱（日灼）及涝渍

5.12.1 症状

干旱容易引起老叶焦枯且向上部叶片蔓延，出现大面积的黄褐色枯斑，叶片容易脱落，日灼严重（图 5-10）。干旱引起的叶片坏死与缺素引起的叶片症状存在较大差异，缺水引起的症状为不规则的坏死斑块，首先出现在叶尖部位，最后扩展到后面部分。遭遇干旱猕猴桃生长缓慢，节间短，叶片小，果实发育不良。肥料充足而水分不足时，易出现烧根现象，叶片小且颜色浓绿，节间短。

图 5-10　干旱引起的叶片焦枯

高温强日照易导致果实发生日灼病，常在果实向阳面形成不规则、略凹陷的红褐色斑，即日灼斑，表面粗糙，质地似革质，果肉呈褐色。严重时，病斑中央木栓化，果肉干燥发僵，病部皮层硬化（图 5-11）。

图 5-11　日灼症状

涝渍则会使叶片整体萎蔫，幼嫩枝条也会出现枯萎症状，时间过长会导致烂根，最后整株枯死。

5.12.2 发生原因

水是猕猴桃光合作用的原料，是其生命活动的基础。夏季干旱使猕猴桃树体温度升高，强烈的光照容易引发日灼病。缺水还会影响果实的膨大。生长前期缺水，叶片变小；果实发育缺水，果实变小；长期干旱，会造成永久性的叶片坏死以及萎蔫。

影响水分吸收的因素较多，适当的水分有利于猕猴桃吸收养分。土壤养分含量过大时，通透性差，影响根系的正常呼吸，导致吸收能力降低。新栽的猕猴桃树，新根没有长出来之前施肥非常危险，肥料浓度稍高就会阻止新根长出，出现发苗后死亡现象。对于结果树，尤其是幼果膨大期肥水需要量很大。栽培品种大多属于中华猕猴桃，叶片较薄，角质层细胞间隙不发达，植物抗旱性较差。土壤一旦缺水，就会出现叶片萎蔫症状，还容易发生叶片从果实争夺水分的现象，导致果实体积和重量都发生负增长，严重时还会导致落花落果。

日灼病主要发生在 7 ～ 9 月，高温干旱季节，一般叶幕层薄，果实裸露的果园在强日照持续照射下，果实向阳面易灼伤。幼龄果园比老果园发生严重，弱树、病树、超负荷挂果树更容易发生日灼病。土壤水分供应不足，修剪过重，果实遮阴面少，保水不良的地块，易发生严重的日灼病。

猕猴桃幼苗的耐涝渍能力很差，根部渍水 1d 就会全部死亡，夏季高温多雨，气温 35℃以上，田间积水 5 ～ 7h，即使是盛果期大树，也会因为根系缺氧腐烂，造成树体生长不良，萎蔫甚至死亡。

5.12.3 防治方法

一般在相对土壤持水量为 60% ～ 80% 时，土壤的水分与空气状况最符合猕猴桃树体生长发育。此时，土壤毛细管中保持着根系吸收利用的水分，在较大土粒间含有充足的空气，可保证根系对氧气的需要。当田间土壤含水量低于田间持水量的 60% 时，虽然还未表现症状，但要及时补水。根据猕猴桃的浅根性，浇水浸润土层 50cm 左右即可。沙壤土猕猴桃果园保肥保水能力差，适宜少量多次浇灌。

干旱和日灼严重的区域保护根系最为重要，须根尽可能不要暴露在外，特别是不能暴晒，在阳光直射处用遮阴物遮须根，夏季果园生草保持树盘湿润；可喷施黄腐酸、S 诱抗素或增施磷钾肥提高抗旱能力。

预防涝渍。夏秋多雨季节，雨后及时检查，排去田间明水，对易涝田块，要挖暗沟排暗渍。对于涝害较重田块，在水退之后，将根茎部土壤扒开，增强根系的呼吸能力。同时进行中耕松土，改善根系透气状况，降低田间土壤湿度。

5.13 冻 害

5.13.1 症状

发生冻害会影响芽的萌发，造成结果枝生长不良，叶片变小，皱缩，不能正常进行光合作用。春季的倒春寒会冻伤嫩叶，造成叶片如水渍状。

5.13.2 发生原因

冻害是因气温降至冰点以下时，猕猴桃细胞间隙结冰所致。当温度为 $-4\sim-3$℃时即出现冻伤。同时低温导致酶失活、细胞失水浓缩而造成胶体物质沉淀等原因引起伤害。受冻害以后温度急剧回升比缓慢回升会引起更大的伤害。

5.13.3 防治方法

四川猕猴桃产区，初冬的极早低温和春季的倒春寒易引发冻害。

初冬冻害的防护措施：如果在晚秋出现连续的的强光照、高温、干旱等异常天气，猕猴桃不能按时停止生长时，在四川的高海拔地区，10月份全园灌水1次或2次，降地温、增湿度，改变小区气候，使旺盛的营养生长减慢或停止，促进养分积累，促进枝条成熟和老化，提高树体抵抗低温的能力。施肥要氮磷钾配合施用，多施有机肥、生物菌肥和微量元素，适当减少氮肥用量，6月份以后停止或少量施用氮肥，严防秋梢旺长。越冬前在树干和大主枝表面涂刷一层涂白剂。

早春冻害的防护措施：果园营造防风林，可以一定程度上减少寒潮的危害。选用较为抗寒的品种。另外增施有机肥，适当减少氮肥用量，培育健壮树体，促枝生长发育充实健壮。在霜冻来临时，可以采用田间熏烟的方法来减少冻害发生，按照一定距离堆放由杂草、锯末、树枝等堆起的草堆，草堆外覆盖一层土，中间用木棍插孔，于霜冻当天深夜点火，产生的大量烟雾可以减少土壤热量的辐射，同时烟粒吸收湿气，使水汽凝结成水放出热量，提高气温，防止霜冻。

5.14 粗皮病（生理）

5.14.1 症状

粗皮病仅危害果皮，受害表皮从幼果期开始表现症状，呈褐色至深褐色，组织木栓化，呈疮痂，表皮十分粗糙，严重时丧失商品性（图 5-12）。

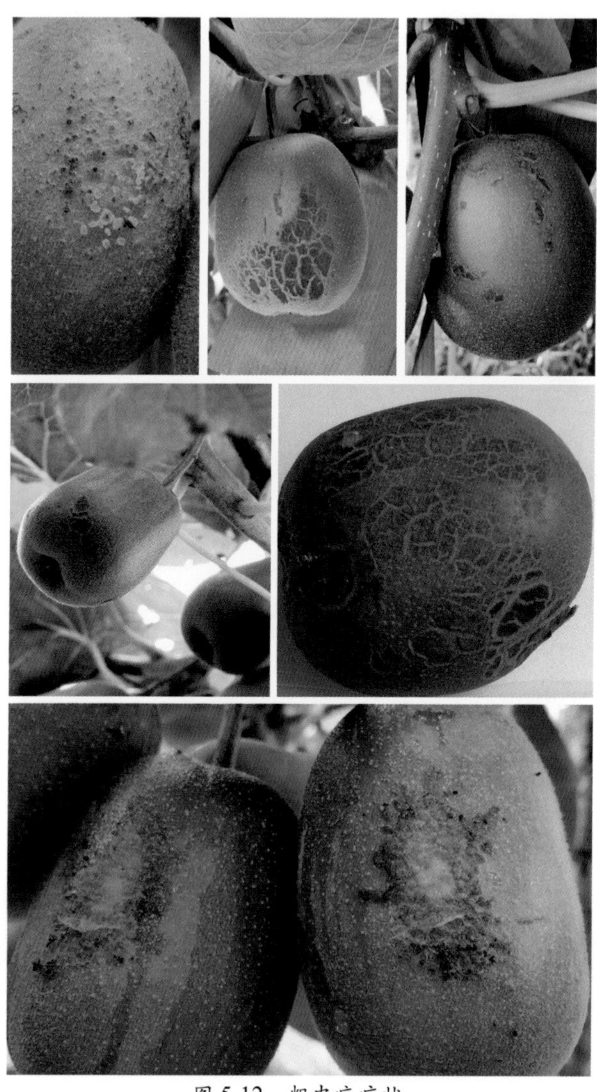

图 5-12 粗皮病症状

5.14.2 病因

粗皮病主要由于风吹或其他外因损害果皮引起。幼果期至膨大期果实之间或果实与外物之间机械摩擦划伤或昆虫取食表皮所致。

5.14.3 防治方法

主要以农业防治为主，适当疏果和套袋，保证果实之间有适当间隔可减轻危害。另外，浸果、套袋等农事操作时避免损伤果皮。

第二部分

猕猴桃虫害

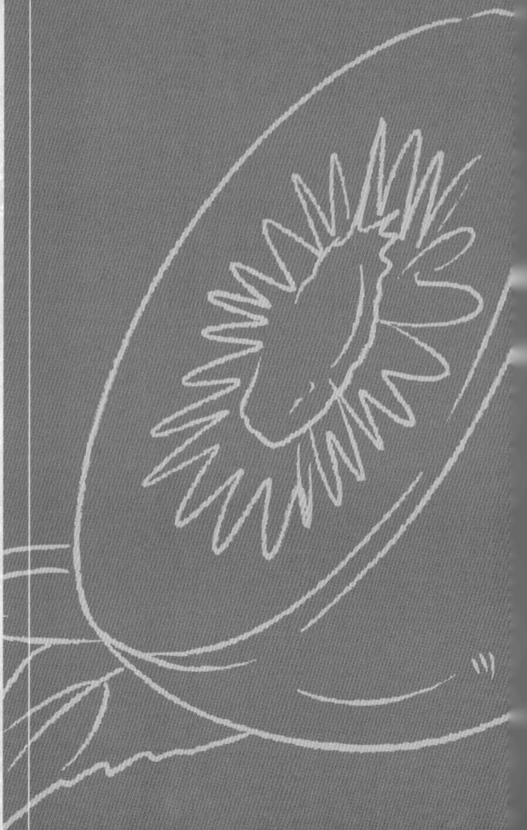

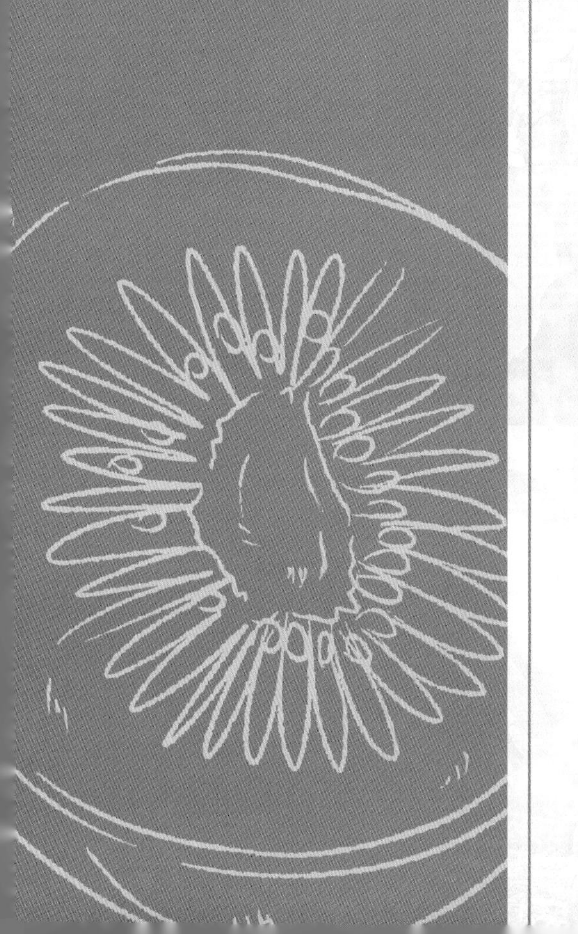

第 6 章 | 枝、蔓害虫

第 7 章 | 叶部害虫

第 8 章 | 果实害虫

第6章

枝、蔓害虫

为害猕猴桃枝蔓的害虫有桑白蚧 [*Psesudaulacaspis pentagona* (Targioni-Tozzetti)]、柿长绵蚧（*Phenococcus pergandei* Cockerell）、椰圆盾蚧（*Temnaspidiotus destructor* Signoret）、考氏白盾蚧 [*Psesudaulacaspis cockerelli* (Cooley)]、猕猴桃绵蚧 [*Chloropulvinaria nerii* (Konda)]、红蜡蚧（*Ceroplastes rubens* Maskell）、草履蚧（*Drosicha corpulenta* Kuwana）等介壳虫，柳蝙蛾（*Phassus excrescens* Butler）、大灰象甲（*Sympiezomias lewisi* Roelos）、蚱蝉（*Cryptotympana atrata* Fab.）、斑衣蜡蝉 [*Lycorma delicatula* (White)] 等。其中桑白蚧分布范围广、危害重。

6.1 桑白蚧

桑白蚧 [*Psesudaulacaspis pentagona* (Targioni-Tozzetti)]，又称桑盾蚧、桑介壳虫及桃介壳虫等，属半翅目，盾蚧科。

6.1.1 寄主与为害

桑白蚧的寄主种类多，包括猕猴桃、桃、李、杏、樱桃、核桃和柿子等，是猕猴桃的重要害虫，以雌成虫或若虫群集固定在枝干、叶片及果实上为害，以枝蔓受害最重，严重时整株盖满介壳，偶在果实和叶片上为害，被害枝发育受阻，树势衰弱，枝条甚至全株死亡（图 6-1、图 6-2）。

图 6-1　桑白蚧雌蚧及介壳

图 6-2　枝、叶、果被害状

6.1.2 形态特征

成虫： 雌成虫橙黄色或橘红色，体长约 1mm，宽卵圆形，触角短小退化呈瘤状，腹部分节明，臀板较宽，臀叶 3 对。肛门位于臀板中央，围绕生殖孔有 5 群盘状腺孔。雌虫介壳圆形，直径 1.5 ～ 2.8mm，灰白色至灰褐色，隆起有螺旋纹，壳点黄褐色，在介壳中央偏旁。雄成虫体长 0.65 ～ 0.70mm，橙色；触角 10 节，念珠状；介壳长形，长约 1mm，白色；壳点位于前端，橙黄色，背面有 3 条纵脊（图 6-3、图 6-4）。

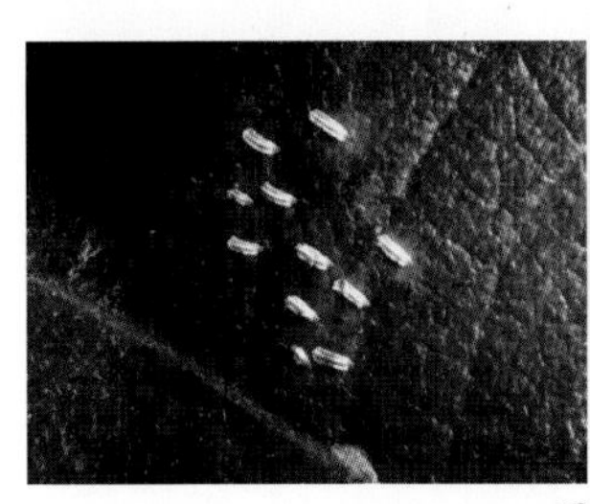
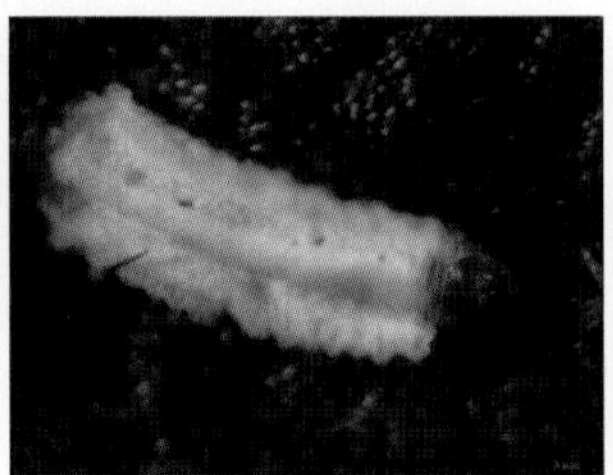

图 6-3　桑白蚧：雄蚧介壳及为害状

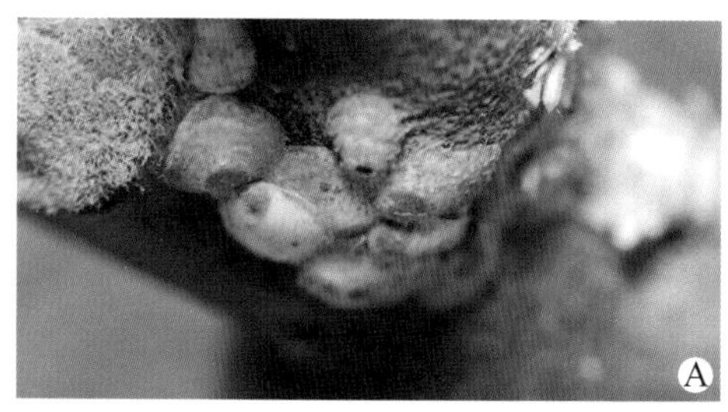

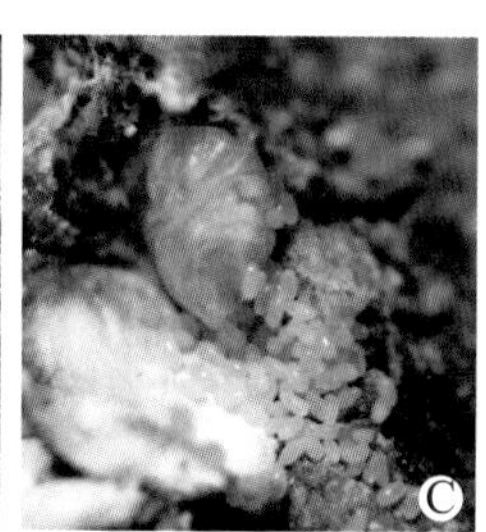

图 6-4　桑白蚧
（A：桑白蚧雌蚧介壳；B：雌成虫；C：雌虫及其卵）

卵：椭圆形，长 0.25 ～ 0.35mm，粉红色至橘红色。

若虫：初孵若虫扁椭圆形，淡黄褐色，长约 0.3mm，眼、触角和足俱全。脱皮后眼、触角、足均退化，开始分泌介壳，固定生活。

6.1.3 发生规律

桑白蚧每年发生代数因地而异，北方地区 1 年 2 代，浙江、四川 1 年 3 代。以受精雌成虫在树枝上越冬。在四川多数地区，以第 1 代及第 3 代为害最重。第 1、2、3 代产卵时间分别为 4 月上旬、6 月底或 7 月初、9 月上旬，卵产于雌虫体后堆积于介壳下，越冬代雌虫平均产卵 120 余粒，第 1 代雌虫产卵量较低，平均每雌 40 多粒。第 1 代卵历期 10 ～ 15d，第 2 与 3 代为 7 ～ 10d。若虫孵化后数小时离开母体分散活动 1d 左右，固定在树枝上吸汁为害，再经 5 ～ 7d 开始分泌蜡质覆盖身体。第 1、2 与 3 代初孵若虫发生盛期分别在 4 月底至 5 月初、7 月中旬和 9 月中旬。

6.1.4 防治方法

（1）结合冬季修剪，剪除受害重的衰弱枝。

（2）对于桑白蚧发生轻的果园，可用硬毛刷刷掉枝干上的虫体。

（3）药剂防治。冬季或早春猕猴桃树萌芽前喷波美 3 ～ 5 度石硫合剂或 30% 矿物油 • 石硫合剂杀灭越冬虫体。初孵若虫发生盛期可用 25% 噻嗪酮可湿性粉剂 1500 倍液、22.4% 螺虫乙酯悬浮剂 4500 倍液、18% 吡虫 • 噻嗪酮悬浮剂 1000 ～ 1500 倍液、20% 螺虫 • 呋虫胺悬浮剂 2000 ～ 3000 倍液等喷雾防治。

6.2 柳蝙蛾

柳蝙蛾（*Phassus excrescens* Butler），又称东方蝙蝠蛾，属鳞翅目，蝙蝠蛾科。

6.2.1 寄主与为害

幼虫蛀害猕猴桃枝条，把木质部表层蛀成环状凹形坑道，造成树皮环割，或向下蛀食直达根部，影响水分、养分运输，造成地上部枝干枯或遇风折断。幼虫在蛀孔处吐丝结网并常有大量粪屑排出（图 6-5、图 6-6）。除为害猕猴桃外，还为害山楂、桃、樱桃、梨、香椿、核桃、柳、葡萄、苹果等植物。

图 6-5　柳蝙蛾幼虫

图 6-6　柳蝙蛾为害状

6.2.2 形体特征

成虫：体长 32 ～ 44mm，翅展 61 ～ 72mm，体色粉褐色至茶褐色。触角线状。前翅黄褐色，前缘有 7 个明显半环斑纹，翅中央有 1 个深色微暗绿的三角形大斑，外侧有 2 条较宽的褐色斜带纹，外缘有并列模糊的褐色弧形斑组成的宽横带，后翅狭小，暗褐色。雄蛾后足腿节背侧密生橙黄色刷状毛。

卵：球形，直径 0.6 ～ 0.7mm，黑色。

幼虫：体长 50 ～ 80mm，圆筒形。头部红褐色至深褐色。体上具有黄褐色瘤状突起。

蛹：黄褐色，圆筒形，头顶深褐色。

6.2.3 发生规律

长江以北地区2年发生1代，长江以南地区多1年发生1代，湖北、河南、四川、山西、贵州、云南部分地区2年发生1代。以卵在地面、树干缝隙或以幼虫在树干基部蛀道内越冬，翌年4月中、下旬越冬卵孵化。5月幼虫开始为害，7月上旬幼虫开始化蛹，7月下旬至8月上旬，羽化成成虫。成虫羽化后就开始交尾产卵，每头雌虫每次可以产卵2000～3000粒。幼虫一般由旧虫孔或树皮裂缝处蛀入，有时幼虫在枝干上啃一横沟向髓心蛀入，造成树皮环割，或向下蛀食直达根部，影响水分、养分运输，造成地上部枝干枯或遇风折断。虫道多从树干髓心向下延伸，有时可深达根部，内壁光滑，蛀孔处常畸形膨大，并有丝网及大量粪屑排出。

6.2.4 防治方法

（1）加强果园管理，结合修剪，剪除受害藤蔓，清理果园附近杂灌木，如黄荆及野桐等寄主植物，以减少虫源。

（2）发现树干基部有虫苞时，撕除虫苞，用细铁丝插入虫孔，刺死幼虫。

（3）药剂防治。越冬卵孵化期，幼虫蛀入树干前，喷洒50%辛硫磷乳油1000倍液，或10%溴氰菊酯乳油2000倍液；幼虫蛀入树干后，可用4.5%高效氯氰菊酯乳油200倍液，或50%敌敌畏乳油50倍液灌入虫孔，或用棉球醮药液塞入蛀孔，后用湿泥土堵住口毒杀幼虫。

6.3 斑衣蜡蝉

斑衣蜡蝉 [*Lycorma delicatula*（*White*）] 又称椿皮蜡蝉、红娘子，属半翅目，蜡蝉科。

6.3.1 寄主与为害

斑衣蜡蝉的寄主植物有苹果、桃、李、杏、山楂、核桃、石榴、葡萄和猕猴桃等，成、若虫吸食枝、叶汁液，削弱树势，严重时引起树皮枯裂，甚至死亡，其排泄物常诱发煤烟病。

6.3.2 形态特征

成虫：体长 14 ～ 22mm，翅展 40 ～ 52mm，暗灰色，体翅上常覆有白蜡粉。头顶向上翘起呈短角状。触角 3 节，刚毛状，红色，基部膨大。前翅基部 2/3 淡灰褐色，散生 10 ～ 20 个黑斑点，端部 1/3 黑色。后翅扇形，基部近 1/3 为红色，上有黑褐斑 6 ～ 10 个，中部白色半透明（图 6-7）。

图 6-7　斑衣蜡蝉成虫

卵：长椭圆形，长约 3mm，灰色，背两侧有凹入线，中部形成长条纵脊。卵粒排列成行，每行有卵 10 ～ 30 粒，5 ～ 10 行成块，表面覆盖灰色土状分泌物。

若虫：若虫与成虫相似，体扁平，头尖长，足长。1 ～ 3 龄体黑色，4 龄体背红色，两侧具明显翅芽。

6.3.3 发生规律

1 年发生 1 代，以卵在树枝上越冬。翌年 4 ～ 5 月孵化为若虫。6 月中旬出现成虫，8 月中旬开始交尾，产卵，卵多产于枝杈处，卵块表面覆一层粉状疏松的蜡质。若虫和成虫均喜群集于树干或树叶，遇惊即跳离。成虫为害至 10 月陆续死亡。

6.3.3 防治方法

（1）秋冬季节修剪有虫卵的枝条，猕猴桃园周围不要栽植臭椿、苦楝等斑衣蜡蝉喜食的植物，以减少虫源。

（2）若虫发生盛期，喷施 2.5% 高效氯氟氰菊酯乳油 2000 倍液，或 22.4% 螺虫乙酯悬浮剂 4500 倍液。

第7章

叶部害虫

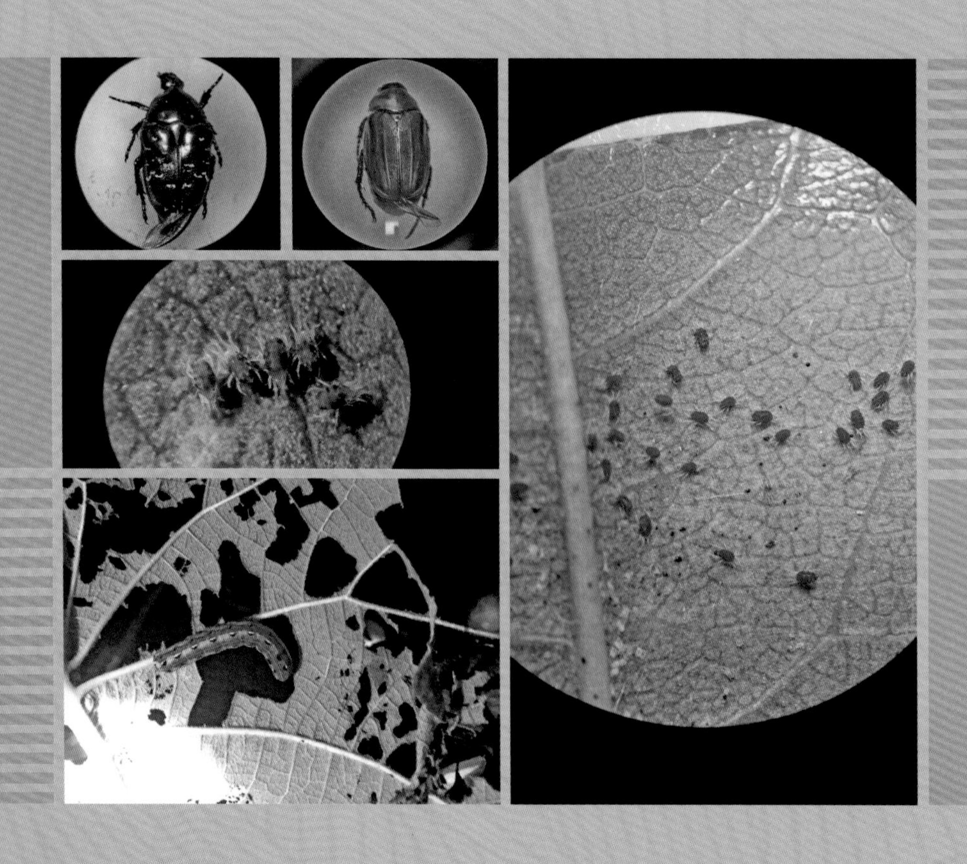

为害猕猴桃叶片的害虫种类较多，主要有苹毛丽金龟（*Proagopertha lucidula* Faldermann）、白星花金龟 [*Potaetia brevitarsis* (Lewis)]、黑绒金龟（*Maladera orientalis* Motschulsky）、小青花金龟（*Oxycetonia jucunda* Faldermann）、铜绿金龟（*Anomala corpulenta* Motschulsky）和华北大黑鳃金龟（*Holotrichia oblita* Faldermann）等20多种金龟子；山楂叶螨（*Tetranychus viennensis* Zacher）、二斑叶螨（*T. urticae* Koch）、卢氏叶螨（*T. ludeni*）和柑桔始叶螨 [*Eotetranychus kankitus* (Ehara)] 等叶螨；大青叶蝉（*Cicadella viridis* L.）、尖凹大叶蝉（*Bothrogonia acuminate* Yang et Li）、猩红小绿叶蝉（*Empoasca rufa* Melichar）、小绿叶蝉 [*E. flavescens* (Fabricius)] 和猕猴桃艾小叶蝉（*Alebrasca actinidiae* Hayashi&Okdda）等叶蝉；斜纹夜蛾 [*Spodoptera litura* (Fabricius)] 和桃蚜（*Myzus persicae* Sulzer）等。

7.1 金龟子类

金龟子类主要以成虫为害猕猴桃的花蕾、花及叶片，幼虫在地下为害幼根，使叶片萎黄甚至整株枯死。

7.1.1 寄主与为害

1. 苹毛丽金龟

苹毛丽金龟（*Proagopertha lucidula* Faldermann），又名苹毛金龟子和长毛金龟子，属鞘翅目，丽金龟科。苹毛丽金龟食性广，为害多种果树、豆类及杨、柳和榆等树木。成虫取食花蕾、花和叶片，将叶片取食为缺刻状，重者将叶片吃光，严重影响产量。幼虫取食根部，导致叶片变黄，萎蔫。

2. 铜绿金龟

铜绿金龟（*Anomala corpulenta* Motschulsky）又名铜绿丽金龟，属鞘翅目，丽金龟科。国内普遍发生，为害苹果、梨、桃等多种果树、林木和大田作物，成虫食叶导致叶片残缺不全，重者仅留下叶柄。

3. 白星花金龟

白星金龟子 [*Potaetia brevitarsis* (Lewis)]，属鞘翅目，花金龟科，又称白星花潜。国内分布普遍，为害梨、苹、桃和猕猴桃等多种果树及榆树、栎树等，成虫取食寄主植物芽、叶，甚至果实。果实被害后，常腐烂脱落。

4. 华北大黑鳃金龟

华北大黑鳃金龟（*Holotrichia oblita* Faldermann），属鞘翅目，花金龟科。国内北部和西北部分布普遍。成虫取食杨、柳、榆、桑、核桃、苹果、刺槐、栎、猕猴桃等多种果树和林木叶片，幼虫为害根部。

7.1.2 形态特征

1. 苹毛丽金龟

成虫：体长 9 ～ 13mm，卵圆形至长卵圆形。除鞘翅和小盾片光滑无毛外，其余各部密被黄白色绒毛。头胸部背面紫铜色。鞘翅茶褐色，有光泽，鞘翅上有纵列成行的细小点刻。

图 7-1　苹毛丽金龟

卵：乳白色，椭圆形，长约 1.5mm，表面光滑。

幼虫：老龄幼虫体长约 15mm，头黄褐色，胸腹部乳白色，无臀板。

蛹：裸蛹，初乳白色，后变为淡褐色，羽化前为深红色。

2. 铜绿金龟

图 7-2　铜绿金龟

成虫：体长 19 ～ 21mm，椭圆形。体背铜绿色，有光泽，额和前胸背板两侧边缘黄色。鞘翅铜绿色，上有 3 条不明显的隆起纵纹。

卵：椭圆形，长 2mm，初时乳白色，后为淡黄色，表面平滑。

幼虫：老熟幼虫体长约 40mm，头黄褐色，胸腹部乳白色，腹部末节腹面除钩状毛外，尚有排成 2 纵列的刺状毛。

蛹：裸蛹，初期白色，后为淡褐色。

3. 白星花金龟

成虫： 体长 18 ～ 24mm，椭圆形，黑铜色。前胸背板梯形，小盾片三角形，前胸背板、鞘翅和腹部具不规则白斑。

卵： 圆形或椭圆形，乳白色，长 1.7 ～ 2.0mm。

幼虫： 老熟幼虫蛴螬型，体长 2.4 ～ 3.9mm。头部褐色，胸腹部乳白色，腹部末节膨大，肛腹片排列成倒“U”形。

蛹： 离蛹，卵圆形，黄白色，体长 20 ～ 23mm。

图 7-3　白星花金龟

4. 华北大黑鳃金龟

图 7-4　华北大黑鳃金龟

成虫： 体长 16 ～ 22mm，长椭圆形，黑褐色，具光泽。前胸背板侧缘外突。每鞘翅表面有 3 条隆起线，鞘翅表面密布刻点。前足胫外侧具 3 齿，内侧有 1 距，后足胫节有 2 端距，各足均具爪 1 对。

卵： 椭圆形，长约 2.5mm，乳白色。

幼虫： 体长 30 ～ 45mm，体乳白色。头部黄褐色至红褐色，每侧具前顶毛 3 根，2 根位于冠缝处，1 根位于额缝处。肛门 3 裂，肛腹片后部无尖刺列，只具钩状刚毛群，多为 70 ～ 80 根，分布不均。

蛹： 椭圆形，长约 20mm，初为乳白色，后变为橙黄色。

7.1.3 发生规律

1. 苹毛丽金龟

每年发生 1 代，以成虫在土下 30 ～ 50cm 深处越冬，翌年 4 月上旬出土活动，4 月中旬至 5 月上旬为害最重，群集为害花蕾、花及嫩梢等。4 月中旬至 5 月中旬产卵，5 月下旬至 6 月上旬为幼虫孵化盛期。幼虫生活于土下 10 ～ 30cm 取食植物根，8 月中下旬化蛹，9 月上旬成虫开始羽化，羽化成虫即在土中越冬。

2. 铜绿金龟

每年发生1代，以3龄幼虫在土内越冬，翌年春季越冬幼虫开始向土壤表层移动取食植物的根系，5月中旬前后继续为害一段时间后，幼虫作土室化蛹，6月初成虫开始出土，6上旬至7月上旬为成虫盛发期，为害寄主植物叶片。成虫喜欢潜在疏松、潮湿的土壤中栖息，具有较强的假死性和趋光性。成虫于6月中旬开始产卵于果树下的土壤内，每次产卵20～30粒。约经10d孵化为幼虫，取食寄主植物的根部，10月中上旬幼虫开始在土中下迁越冬。

3. 白星花金龟

每年发生1代，以幼虫在土内越冬，6、7月成虫发生为害重，成虫产卵于土内或粪土堆内，幼虫以腐殖质为食，幼虫老熟后吐黏液混合土粒或砂粒结成土室化蛹其中。成虫对糖醋液、果醋液有趋性。

4. 华北大黑鳃金龟

国内1年发生1代，或2年发生1代。1年1代地区，以幼虫越冬，翌春土下10cm土温为15℃左右时，越冬成虫开始出土，5月中旬至6月中旬为盛期。2年1代地区，以成虫和幼虫交替越冬，越冬幼虫翌年气温为14℃左右，往上迁移，6月下旬开始化蛹，7月中旬羽化直至10月上旬，羽化成虫潜伏蛹室内越冬。成虫白天潜伏土中，黄昏开始活动，有趋光性和假死性。6～7月为产卵盛期，卵期10～22d，幼虫期340～400d，蛹期10～28d。

7.1.4 防治方法

（1）捕杀。利用成虫假死性，于清晨或傍晚振动枝蔓，捕杀成虫。

（2）诱杀。利用苹毛丽金龟、白星花金龟等成虫对糖醋液的趋性，使用糖酒醋液诱杀；或利用单波段LED杀虫灯诱杀。

（3）药剂防治。成虫发生期，喷施2.5%高效氯氟氰菊酯乳油2500～4000倍液，50%辛硫磷乳油1000～1500倍液。

7.2 叶蝉类

为害猕猴桃的叶蝉种类较多，均属半翅目，叶蝉科。

图 7-5 叶蝉为害状

7.2.1 寄主与为害

1. 小绿叶蝉

小绿叶蝉 [*Empoasca flavescents*（Fabricius）] 的寄主植物种类多，包括猕猴桃、桃、李、杏、樱桃、葡萄、苹果、梨、山楂等果树，以及棉花、烟、甘蔗、芝麻、花生、薯类、豆类等作物。成虫、若虫吸食芽、叶和枝梢汁液，叶片受害呈现失绿的灰白色斑点，严重时整个叶片苍白色，提早落叶。

2. 尖凹大叶蝉

尖凹大叶蝉（*Bothrogonia acuminate* Yang et Li），主要为害枇杷、柑橘、猕猴桃、油橄榄等作物。成虫和若虫喜欢聚集在叶背吸汁为害，被害叶片枯黄，极易脱落，成虫产卵在嫩梢枝条的表皮下，常致该枝条枯死。

3. 猕猴桃艾小叶蝉

猕猴桃艾小叶蝉（*Alebrasca actinidiae* Hayashi&Okdda），寄主暂发现猕猴桃，以成虫、若虫吸食幼嫩组织，叶片受害呈现失绿的灰白色斑点，严重时整个叶片呈苍白色，提早落叶。

7.2.2 形态特征

1. 小绿叶蝉

成虫：体长 3.3 ~ 3.7mm，淡黄绿色至绿色，复眼灰褐色至深褐色，无单眼。前翅半透明，革质，淡黄白色，周缘具淡绿色细边。后翅透明，膜质。

若虫：体长 2.5 ~ 3.5mm，与成虫相似。

图 7-6　小绿叶蝉

卵：长椭圆形，长径 0.6mm，乳白色。

图 7-7　尖凹大叶蝉

2. 尖凹大叶蝉

成虫：体长 12 ~ 14.5mm，橙黄色至橙褐色，单眼和复眼均为黑色。头冠顶端有一个小黑斑，中央后缘有圆形斑。前胸背板有三个黑斑，成品字形排列。前翅红褐色，翅端部淡黄色，翅基部有一个小黑斑。胸腹部为黑色，但胸部腹板的侧缘及腹部各节的后缘为淡黄色。足除基节、腿节的端部、胫节的两端及跗节末端黑色外，其余为黄白色。

卵：长椭圆形，长约 2mm，稍弯曲。

若虫：初孵化时灰白色，后为黄褐色，老熟若虫体长 10 ~ 12mm。

3. 猕猴桃艾小叶蝉

雌成虫体长 3.40 ~ 4.17mm，雄成虫体长 3.13 ~ 3.80mm。体弱，除前翅中段橙红色外，整体淡黄色。头略比前胸窄，头顶中部黄色，复眼褐色，单眼浅褐色。颜面淡黄色。冠缝浅褐色，未达头冠前缘。

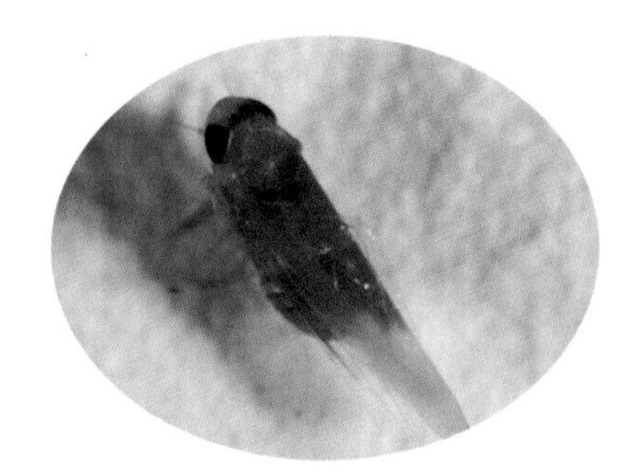
图 7-8　猕猴桃艾小叶蝉

前胸背板前缘具不规则黄斑，小盾片黄色。前翅翅室小于翅长的1/3；后翅透明。胸足爪褐色，其余淡黄色。

7.2.3 发生规律

1. 小绿叶蝉

1年发生4～6代，以成虫在落叶、杂草及猕猴桃园附近的常绿树上越冬。翌年猕猴桃萌芽时，越冬成虫从寄主飞到猕猴桃树上吸汁为害，6月虫口数量增加，8、9月发生为害最重。卵主要产于叶背主脉内，每雌产卵46～165粒，卵期6～14d，若虫喜群集叶背为害，完成1代需要40～50d，田间世代重叠，11月中旬后成虫转移至越冬场所越冬。

2. 尖凹大叶蝉

四川一年发生3、4代，11月上旬以成虫在果园遮阴处的叶背越冬，但气温较高时，仍有取食活动。翌年3月底开始产卵，第1代成虫于5月中下旬出现。第2、3代成虫分别在7～9月和9～11月出现，11～12月出现第4代成虫，世代重叠。成虫产卵在果树嫩梢枝条的表皮下，夏秋季卵期20～35d，若虫期30～40d。

3. 猕猴桃艾小叶蝉

1年3、4代，以卵越冬，4月中旬越冬卵孵化，成虫常聚集成小团在猕猴桃叶背为害，卵产于芽内。5～12月均有成虫发生为害，直到猕猴桃落叶。

7.2.3 防治方法

（1）冬季清洁果园，减少越冬虫源。

（2）诱杀。成虫发生期，黄板诱杀成虫，每亩果园悬挂黄板20～25张，或安装杀虫灯诱杀成虫。

（3）药剂防治。重点在第1代若虫发生期施药，施用1.8%阿维菌素乳油2000倍液，2%除虫菊素水乳剂600～800倍液，上述药剂任选一种。10%吡虫啉可湿性粉剂3000液，5%啶虫脒乳油2000～3000倍液。

7.3 叶螨类

为害猕猴桃的叶螨主要有山楂叶螨（*Tetranychus viennensis* Zacher）、二斑叶螨（*T. urticae* Koch）、卢氏叶螨（*T. ludeni*）、朱砂叶螨 [*T. cinnabarinus* (Boisduval)]、柑桔始叶螨 [*Eotetranychus kankitus* (Ehara)] 等，均属蛛型纲，蜱螨目，叶螨科。

7.3.1 寄主与为害

1. 卢氏叶螨

卢氏叶螨（*T. ludeni*），寄主植物超过 300 种，主要有猕猴桃、茄子、秋葵、海棠、菜豆、木瓜、葫芦、棉花、曼陀罗、天竺葵、洋艾、藿香蓟等。卢氏叶螨喜在叶片背面为害，造成叶片变黄，从而形成坏死斑和干枯。卢氏叶螨除直接为害外，还传播扁豆花叶病毒（*Soybean mosaic virus,* SMV）。

2. 山楂叶螨

山楂叶螨（*T. ciennensis* Zacher）分布广，寄主植物有猕猴桃、苹果、梨、桃、李、杏、山楂等。成螨、若螨和幼螨为害寄主植物的叶片和嫩芽，常呈小团群集叶背吸汁为害，并吐丝结网，叶片受害初期呈现许多失绿小斑点，后扩展成片，重者叶片焦枯脱落。

3. 朱砂叶螨

朱砂叶螨 [*T. cinnabarinus* (Boisduval)] 为世界性害螨，寄主植物有 32 科 110 多种，主要有棉花、玉米、高粱、小麦、大豆、芝麻、茄子等。成螨、幼螨和若螨喜群集叶背为害，被害叶片呈现细小黄色斑点，受害严重时，叶片枯黄脱落，导致二次发芽开花，影响树势。

7.3.2 形态特征

1. 卢氏叶螨

雌成螨：洋红色，体长约 0.6mm，宽约 0.4mm，背面呈宽卵圆形，有背毛 12 对，肛后毛两对，臀毛缺失。

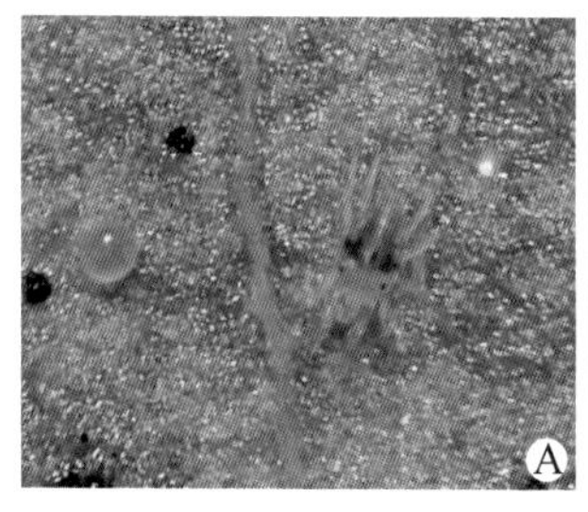

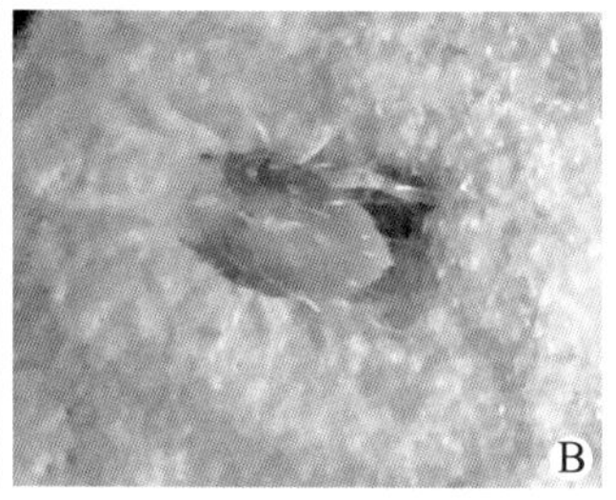

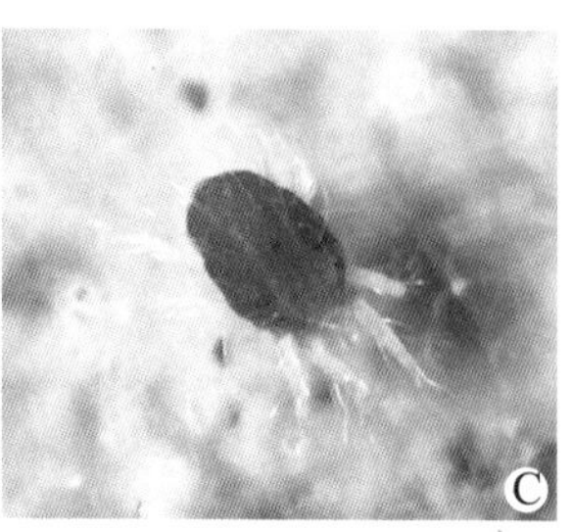

图 7-9　卢氏叶螨
（A：雄成螨和卵；B：若螨；C：雌成螨）

雄成螨：体长 0.4mm，宽 0.2mm，阳茎的端锤没有远侧突起，只有短小的末端尖利的近侧突起。

2. 山楂叶螨

雌成螨：体长 0.5mm，宽 0.3mm，冬型鲜红色，夏型暗红色。体背前方略隆起，具有背刚毛 26 根，刚毛细长，基部无瘤。足黄白色。

雄成虫：体长 0.4mm，宽 0.25mm，末端尖削，淡黄绿色至橙黄色，体背两侧有 2 条黑绿色斑。

幼螨：足 3 对，淡绿色。

若螨：足 4 对，较成螨小，两侧有明显的黑绿色斑。

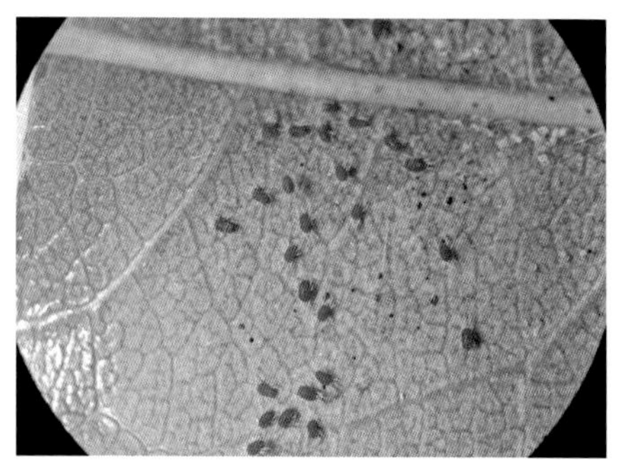

图 7-10　山楂叶螨

3. 朱砂叶螨

雌成螨：体长 0.42 ～ 0.56mm，卵圆形，红色。体躯两侧各有 1 长黑斑，背刚毛 12 对，细长。

雄成螨：体长 0.3 ～ 0.4mm，略呈菱形，淡黄色至浅黄色，背刚毛 13 对。

卵：直径 0.13mm，圆球形。初产时透明无色，孵化前淡红色。

幼螨：3 对足，取食后体呈暗绿色。

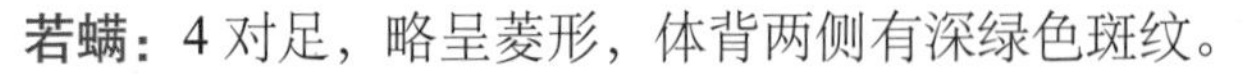

若螨：4 对足，略呈菱形，体背两侧有深绿色斑纹。

图 7-11　朱砂叶螨
（A：幼螨；B：卵和若螨；C：若螨；D：成螨）

7.3.3 发生规律

1. 卢氏叶螨

卢氏叶螨有卵、幼螨、第一若螨、第二若螨和成螨五个发育阶段。卢氏叶螨在 4 月上旬开始出现，6 月为发生盛期，到 7 月种群密度开始下降。卢氏叶螨喜欢在叶背面吸汁为害。

2. 山楂叶螨

山楂叶螨年发生代数因地而异，多数地区一般发生代 5 ～ 10 代，主要以受精雌成虫在树干裂缝、翘皮内及树干基部土缝内越冬，也可在枯枝落叶、石块下越冬。翌年春季日均气温 9 ～ 10℃开始出蛰，越冬雌虫为害约 1 周后开始产卵。山楂叶螨不活泼，常呈小团在叶背为害，并吐丝结网。卵多在叶背主脉两侧及丝网上，春卵经 8 ～ 10d 孵化。7 ～ 8 月为山楂叶螨为害盛期，高温干旱为害加重。9 ～ 10 月产生越冬型成螨。

3 朱砂叶螨

每年发生代数因地而异，通常为 15 ～ 20 代，华南地区 20 代以上。以雌成螨、若螨及卵在树体缝隙内、树干基附近土缝内、杂草及枯枝落叶下越冬。翌年春季平均气温达 5 ～ 7℃时开始活动取食，气温 30℃以上时，5d 左右即繁殖一代，6 ～ 8 月为害严重。雌螨多产卵于叶背叶脉两侧，每雌螨可产卵 50 ～ 150 粒。朱砂叶螨主要是两性生殖，但也能进行孤雌生殖，田间世代重叠。

7.3.4 叶螨类防治方法

（1）冬季清园。刮除树干老、翘、粗皮，清除园内杂草、枯枝落叶，减少越冬基数。

（2）保护利用天敌。选择性施用杀虫（螨）剂，保护捕食螨、瓢虫、草蛉、六点蓟马等天敌。释放胡瓜钝绥螨、加州新小绥螨等捕食螨。

（3）药剂防治。花后生长期，螨类发生为害初期，施用 15% 哒螨灵可湿性粉剂 3000 倍液，或 20% 四螨嗪悬浮剂 1600 ～ 2000 倍液，或 10% 联苯菊酯乳油 6000 ～ 8000 倍液，或 1.8% 阿维菌素乳油 2000 ～ 4000 倍液。

7.4 斜纹夜蛾

斜纹夜蛾 [*Spodoptera litura* (Fabricius)]，属鳞翅目，夜蛾科。

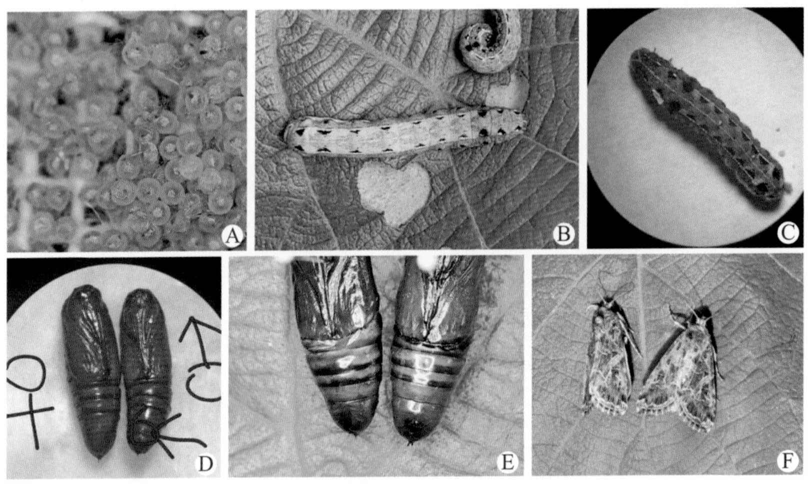

图 7-12 斜纹夜蛾
（A：卵；B、C：幼虫；D、E：蛹；F：成虫）

7.4.1 寄主与为害

斜纹夜蛾分布广，寄主植物种类多，可取食 99 科，近 300 种植物，如甘蓝、白菜、番茄、茄子、马铃薯、辣椒、豆类、瓜类、葱、蒜、藕、芋等蔬菜，以及甘薯、棉花、烟草等作物，属间歇性爆发害虫。以幼虫为害寄主植物叶，初孵幼虫群集在叶背啮食叶肉，留下表皮，形成透明斑，3 龄后分散为害，将叶片吃成小孔，4 龄后叶肉几乎蚕食殆尽，仅留叶脉。

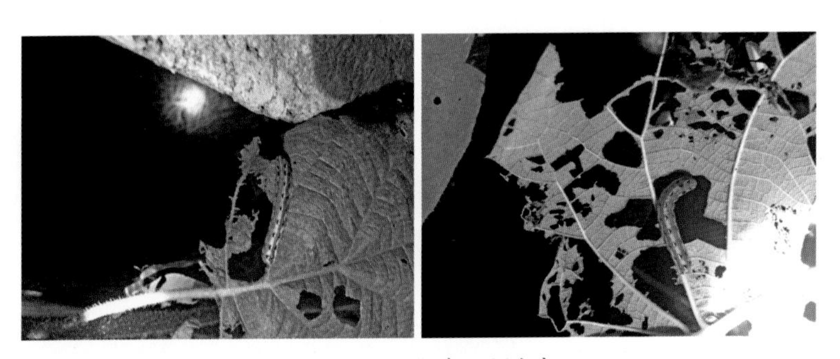

图 7-13 斜纹夜蛾幼虫为害状

7.4.2 形态特征

成虫：体长14～21mm，深褐色，翅展宽30～40mm。头、胸、腹均深褐色。前翅灰褐色，多斑纹，内横线及外横线灰白色，波浪形，在环状纹与肾状纹间，由前缘向后缘外有3条白色条线。后翅灰白色。

卵：扁半球形，直径0.4～0.5mm，初产时黄白色，孵化前紫黑色。卵块由3、4层卵粒组成。

幼虫：共6龄，老熟幼虫体长35～51mm，体色变化较大，常为土黄色、灰褐色或暗绿色。从中胸到第9腹节亚背线内侧有近似三角形的黑斑各1对，中、后胸黑斑外侧有黄白色小点。

蛹：体长15～20mm，赤褐色至暗褐色，气门黑褐色，腹部背面第4～7节近前缘处各密布圆形小刻点，末端有1对刺。

7.4.3 发生规律

从华北地区到华南地区斜纹夜蛾1年发生4～9代，长江流域1年发生5、6代，世代重叠。长江流域以北地区斜纹夜蛾一般不能越冬，全国各地每年均是7～10月发生为害重。长江流域多在7、8月发生为害重。成虫昼伏夜出，白天躲藏在植物茂密的叶丛中，黄昏时飞回开花植物。成虫对光、糖醋液及发酵物质有趋性。成虫需要补充营养。卵多产于植物中下部叶片背面，产卵呈块，多数3层排列。平均每头雌蛾产卵1000～2000粒。幼虫共6龄，幼虫老熟后入土化为蛹，蛹期6～9d。

7.4.4 防治方法

（1）摘除卵块和捕杀幼虫。

（2）诱杀。成虫发生期，采用杀虫灯或糖醋液诱杀成虫，或性诱剂诱杀成虫。

（3）药剂防治。防治期应控制在卵孵高峰至2龄幼虫分散前，亩用10亿PIB/mL斜纹夜蛾核型多角体病毒60～75mL，或2%甲氨基阿维菌素苯甲酸盐微乳剂8～9mL，或1%苦皮藤素水乳剂90～120mL，200g/L氯虫苯甲酰胺悬浮剂10mL，兑水喷雾。

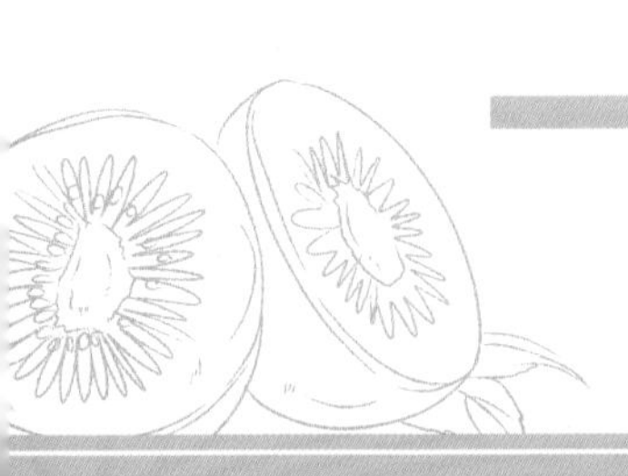

第8章

果实害虫

苹小卷叶蛾

为害猕猴桃果实的害虫主要有苹小卷叶蛾（*Adoxophyes orana* Fischer von Roslerstamm）、泥黄露尾甲（*Nitidulidae leach*）、鸟嘴壶夜蛾（*Oraesia excavata* Butler）和小薪甲（*Microgramme* sp.）等，其中以苹小卷叶蛾发生较普遍，为害较重。

苹小卷叶蛾，又名棉褐带卷蛾或小黄卷叶蛾，幼虫俗称舐皮虫，属鳞翅目，卷蛾科。

1. 寄主与为害

苹小卷叶蛾分布范围广，寄主植物种类多，包括苹果、梨、山楂、桃、李、杏、樱桃、枇杷和猕猴桃等果树，以及杨、榆树、刺槐等林木。幼虫为害叶片和果实，幼虫吐丝缀连叶片，潜居为害，将叶片吃成网状或缺刻。当幼虫为害果实时，常将叶片缀贴在果实上，啃食果皮及果肉，导致果面出现大小不规则的小坑洼。

2. 形态特征

成虫：体长 6 ～ 9mm，黄褐色，前翅中带后半部向外侧突然变宽，且后半部中央色浅，似“h”形。后翅淡黄褐色。

卵：扁平，椭圆形，长 0.7mm，淡黄色，数十粒卵排成鱼鳞状卵块。

幼虫：老熟幼虫体长 13 ～ 18mm，黄绿色至翠绿色。头部较小，略呈三角形。前胸背板淡黄色至淡黄褐色。臀节具 6 ～ 8 刺。

蛹：体长约 10mm，黄褐色，腹部 2 ～ 7 节背面各有两列刺突，后面一列小而密。

图 8-1　苹小卷叶蛾及其为害状

3. 发生规律

在四川苹小卷叶蛾 1 年发生 4 代。以低龄幼虫在果树的剪锯口、翘皮下、粗皮裂缝等处结茧越冬。翌年春季花芽萌动后开始出蛰，出蛰幼虫为害幼芽、嫩叶和花蕾，展叶后缀叶为害。幼虫老熟后在卷叶内或缀叶间化蛹。7 ～ 8 月，除为害叶片外，还为害果实，潜伏于叶与果，或果与果相接的地方，啃食叶肉和果面。成虫夜晚活动，有趋光性，对果汁、果醋趋性强。成虫喜在叶片背面产卵，每头雌蛾产卵 1 ～ 3 块，卵期 6 ～ 11d、幼虫期 18.7 ～ 26d、蛹期 7 ～ 8d。

4. 防治方法

（1）结合冬剪，刮除老树皮，翘皮。

（2）诱杀成虫。①糖醋液诱杀：按红糖和酒 1 份、醋 3 份、水 16 份配制，加少量杀虫剂，悬挂于树冠下。②灯光诱杀：使用杀虫灯诱杀成虫。③性诱剂诱杀：每亩果园安装苹小卷叶蛾诱捕器 1、2 个，在成虫发生初期诱杀成虫。

（3）释放赤眼蜂，各代卵期放蜂 3、4 次，隔株或隔行释放。

（4）药剂防治。重点抓好苹小卷叶蛾第 1 代和第 2 代初孵幼虫发生盛期的施药防治，可喷施 25% 灭幼脲 3 号胶悬剂 1000 ～ 1500 倍液；或 1% 苦皮藤素水乳剂 800 ～ 1000 倍液；或 10 亿 PIB/mL 斜纹夜蛾核型多角体病毒悬浮剂 800 ～ 1000 倍液，或 1% 印楝素水分散粒剂 800 ～ 1000 倍液，或 5% 甲氨基阿维菌素苯甲酸盐悬浮剂 2500 ～ 3000 倍液。

第三部分

附录

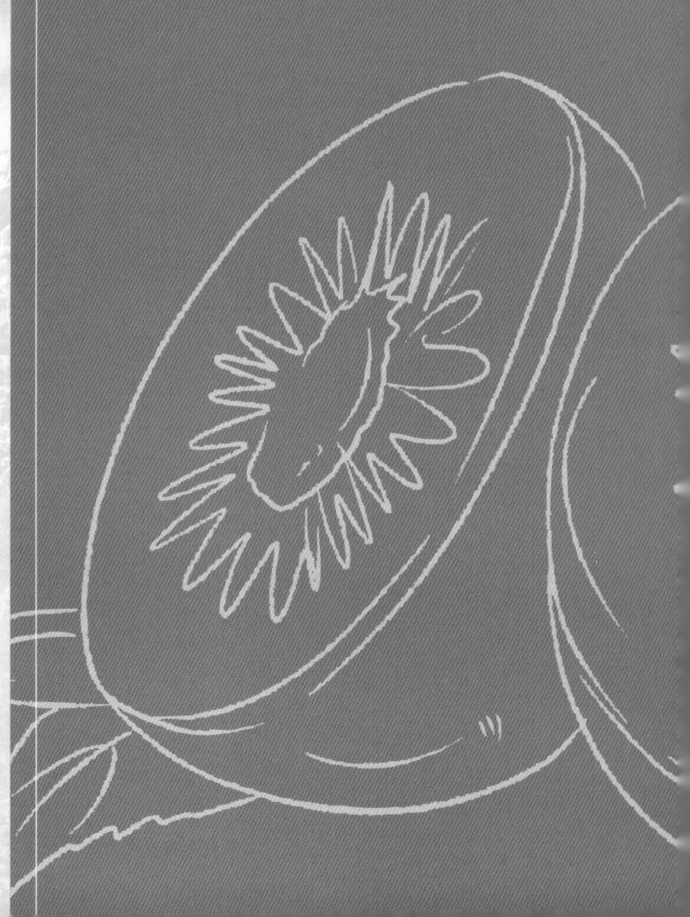

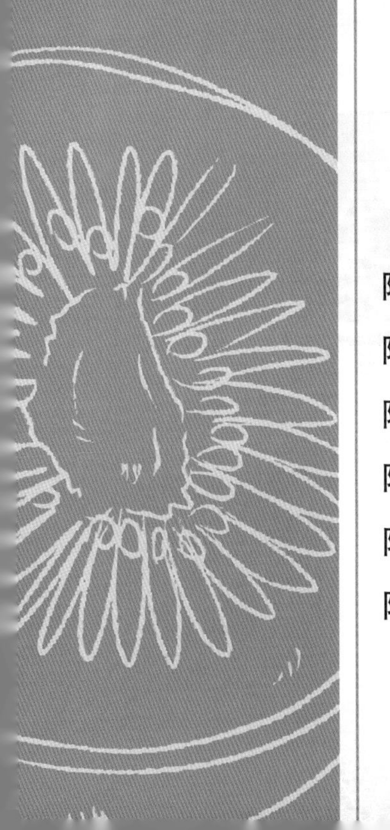

附录 1 | 无公害猕猴桃园周年管理月历

附录 2 | 猕猴桃的植物学特性

附录 3 | 猕猴桃生长发育对环境条件的需求

附录 4 | 猕猴桃丰产优质高效栽培技术

附录 5 | 国家明令禁止及限制使用的农药

附录 6 | 中国及主要贸易国家和地区对猕猴桃入境的农残要求

附录1　无公害猕猴桃园周年管理月历

国历月份（主要物候期）	主要病虫害防治		土肥水管理	整形修剪	备注
	主要防治对象	药品选择与用药方案			
3月（萌芽期）	溃疡病、灰霉病、花腐病；蚜虫、飞虱、金龟子等	芽萌动后15d：全园喷3%噻霉酮600倍液+40%嘧霉百菌清500倍液+150g/L联苯吡虫啉悬浮剂1000倍液	3月上旬：幼龄树根部灌施高氮型水溶肥50g/株；投产树根部灌施高磷型水溶肥100g/株+硼肥15g/株。建议树盘用秸秆覆盖，行间人工生草	尽早抹除树干基部和主干上的萌芽，及时抹除结果母蔓上的过密芽	1. 早期落叶严重的园区此次用药尤为重要 2. 肥液浓度需控制在0.5%以内
4月（花期）	溃疡病（包括枝干、花、叶等）、灰霉病、病毒病等；蚜虫、飞虱、金龟子等	花前10d：全园喷赤•吲乙•芸苔10000倍液+2%春雷霉素水剂600倍液+500g/L异菌脲悬浮剂800倍液+70%吡虫啉7500倍液+海藻酸水溶肥600倍液。病毒病严重的果园加施30%病毒必克（唑•铜•吗啉胍）400～500倍液喷雾。全园安装黄板、杀虫灯	4月中旬：幼龄树根部灌施高氮型水溶肥50g/株；成龄树根部灌施均衡型水溶肥100g/株+甲壳素80g/株	继续抹除树干基部和主干上的萌芽；尽早疏除侧花蕾；对旺盛结果枝进行捏尖	1. 及时做好人工辅助授粉工作 2. 有根结线虫和根腐病的园区施肥时加入30%甲霜噁霉灵600倍液+1.8%阿维菌素1000倍液灌根
5月（快速膨大期）	灰霉病、花腐病、叶溃疡、病毒病等；红蜘蛛、叶蝉、金龟子、蚧壳虫、卷叶蛾等	谢花后7d：全园喷施0.3%四霉素水剂600倍液+42.8%氟菌•肟菌酯悬浮剂1500倍+24%螺虫乙酯悬浮剂1500倍液+海藻酸水溶肥600倍液。病毒病同上	5月上旬：幼龄树根部灌施高氮型水溶肥50g/株；成龄树根部亩用中微量元素肥2kg；间隔7d后，撒施高钾型复合肥250g/株+硫酸钾镁复合肥100g/株。施肥后及时浇透水。树盘用秸秆覆盖，行间人工割草	幼树注意培养粗壮主干，投产树对旺盛生长的结果枝进行适度摘心或零叶修剪	1. 挂果树不能使用乳剂、乳油剂农药 2. 土壤条件优越的园区不建议使用氯吡脲浸果

国历月份（主要物候期）	主要病虫害防治		土肥水管理	整形修剪	备注
	主要防治对象	药品选择与用药方案			
6月（快速膨大期）	灰霉病、褐斑病、病毒病、根结线虫病等；红蜘蛛、蝽象、象甲、金龟子、蚧壳虫等	套袋前：40%苯甲•肟菌酯悬浮剂3000倍液+150g/L联苯吡虫啉悬浮剂1000倍液。病毒病同上 根结线虫病用21%阿维•噻唑膦水乳剂或淡紫拟青霉菌灌根	6月上旬：幼龄树根部灌施均衡型水溶肥50g/株； 成龄树根部灌施平衡型水溶肥50g/株+腐质酸水溶肥80g/株+海藻酸有机水溶肥5g/株	幼树需培养大量枝叶，对二次枝适度摘心； 投产树剪除内膛旺枝	1.红肉、绿肉品种的果袋建议选用单层棕色纸袋；黄肉品种的果袋建议选用内黑外黄复合袋 2.叶面可喷施0.3%磷酸二氢钾1次或2次
7月（缓慢生长期）	黑斑病、褐斑病、软腐病等；蚧壳虫、斜纹夜蛾、菜粉蝶等	7月初和7月中旬：全园喷施42.4%唑醚•氟酰胺悬浮剂2000倍液+150g/L联苯吡虫啉悬浮剂1500倍液2次。 全园安装杀虫灯或亩用糖醋液诱杀成虫。或每亩喷施2%甲维盐微乳剂8～9mL，或20%氯虫苯甲酰胺悬浮剂（SC）10mL1次或2次	7月上旬：幼龄树根部灌施高钾型水溶肥50g/株； 成龄树根部灌施高钾型水溶肥50g/株+腐质酸水溶肥80g/株+海藻酸有机水溶肥5g/株	及时疏除投产树内膛旺枝，对更新枝进行捏尖控长	1.检查园区排灌系统，清淤加深主排水渠 2.叶面补充钙肥1次或2次
8月（品质形成期）	褐斑病、软腐病、黑斑病、黑霉病、线虫病、根腐病等； 斜纹夜蛾、蚧壳虫、蜗牛等	8月上旬（红肉采前20d）：全园喷42.4%唑醚•氟酰胺悬浮剂2000倍液或10%多抗霉素1500倍液+5%氨基寡糖素AS1000倍液	8月上旬：控水控氮，叶面喷施磷酸二氢钾300倍液+海藻素1500倍液，根部施用硫酸钾镁复合肥水溶肥50g/株 8月中下旬：采果前，根据气候情况，间隔2～3d，在早晚亩用含腐殖酸水溶肥2.5kg浇水，注意抗旱养根，防止果面失水皱缩	剪除树干基部萌孽	1.防止园区积水 2.做好采前准备工作

国历月份（主要物候期）	主要病虫害防治		土肥水管理	整形修剪	备注
	主要防治对象	药品选择与用药方案			
9月（采收期）	褐斑病、黑斑病、根腐病；斜纹夜蛾、蠹蛾、蚧壳虫等	9月中下旬（红肉品种采后10d）：全园喷30%松脂酸钠800倍液＋有机硅3000倍液1次，无死角	9月中下旬：红肉土施生物有机肥5～10kg/株＋土壤调理剂100g/株＋复合微生物肥200g/株＋高钾型复合肥400g/株 绿肉和黄肉品种根部灌施硫酸钾镁复合肥水溶肥50g/株	剪除树干基部萌孽	1. 采果袋需及时进行清理填埋 2. 未用氯吡脲浸果红肉品种采收期推迟1个月 3. 秋施基肥后需及时全园灌水一次，并加入少量生根剂
10月（落叶期）	黑霉病、褐斑病、溃疡病等	落叶前：喷施42.8%氟菌·肟菌酯悬浮剂1500倍液+0.3%四霉素水剂600倍液	10月上中旬：黄肉和绿肉品种土施生物有机肥5～10kg/株＋土壤调理剂100g/株＋复合微生物肥200g/株＋高钾型复合肥400g/株 秋施基肥后行间播种豌豆、胡豆或白三叶草，树盘用秸秆或松针等覆盖	不建议动剪	新建园需做好土壤改良工作，为苗木定植做准备
11月（树干保护）	溃疡病、蚧壳虫等（树干溃疡病初发，秋梢褐斑病、灰霉病流行后期）	11月底：红肉品种冬季修剪后，清洁果园，枝叶残体粉碎后翻入土内或移出果园及时处理。全园喷5波美度石硫合剂清园或用30%矿物油·石硫合剂75倍液清园。成龄园用松尔膜或勃生肥涂干	/	11月上中旬红肉品种开始冬季修剪	1. 粗度≥1.0cm的剪锯口用伤口保涂抹 2. 修剪下来的枝蔓用粉碎机粉碎集中堆沤发酵 3. 有条件的区域准备安装避雨棚

国历月份（主要物候期）	主要病虫害防治		土肥水管理	整形修剪	备注
	主要防治对象	药品选择与用药方案			
12 月（休眠期）	溃疡病、蚧壳虫等	12 月底：农业措施同 11 月。黄肉和绿肉品种冬季修剪后，全园喷 5 波美度石硫合剂清园或用 30% 矿物油 • 石硫合剂 75 倍液清园 + 有机硅 3000 倍液。成龄园用松尔膜或勃生肥涂干	关注土壤湿度，过干时需及时补水	12 月上中旬黄肉和绿肉品种开始冬季修剪	1.12 月 20 日前必须完成避雨棚的安装 2. 新建园完成苗木定植，实生苗开始苗木嫁接，并套袋保温
翌年 1 月（休眠期）	溃疡病等	溃疡病高发园区：在处理感病植株后，可全园喷 3% 噻霉酮 600 倍液或 0.3% 四霉素 600 倍液 1 次	同 12 月	发现溃疡病感病植株进行分级处置，并将感病枝条带出园区深埋	重点完成苗木嫁接、土壤改造与新建园工作
翌年 2 月（芽松动期）	溃疡病、炭疽病、灰霉病；蚜虫等	芽松动时：全园喷 2% 春雷霉素 600 倍 +500g/L 甲基硫菌灵悬浮剂 600 倍液 +150g/L 联苯吡虫啉 1000 倍液，或 0.3 ～ 0.5 波美度石硫合剂	春肥：撒施高氮型复合肥 250g/ 株，轻翻后全园灌透水 1 次	不能动剪	每亩挂黄板和蓝板各 20 张

附录 2　猕猴桃的植物学特性

（1）根。猕猴桃的根是肉质根，根皮层厚，初生时白色，以后逐渐转为黄色或黄褐色，嫩而脆，老根灰褐色到黑褐色，有纵裂纹，主根不发达，须根为主要吸收根。野生状态下根多分布在 1m 以上的土层中，集中于 10 ～ 50cm 深处，水平根分布很广，远远超过地上部分枝蔓的伸展范围。在土质疏松、土层深厚、土壤团粒结构好、腐殖质含量高、土壤湿度适宜的园地，水平根系延伸范围可达到地上冠径的 3 倍，且根系总生长量大，细根稠密。土壤温度 8℃时，根系开始活动，20.5℃时生长最旺盛，29.5℃时基本停止产生新根。其年生长规律为：①生长在热带、亚热带地区，没有明显休眠期；②生长在温带，一年有 3、4 个生长高峰，包括伤流期（为一很脆弱的生长高峰）；新梢迅速生长期后；果实迅速膨大期后；采果后到落叶前。

（2）芽。猕猴桃的芽分多种。其中，叶芽只萌发枝蔓，混合芽既萌发枝蔓，又能产生花。上位芽背向地面，萌发率高，抽枝旺，结果多；平位芽与地面平行，枝条生长中等，结果较多；下位芽朝地面，萌发率低，抽生枝条弱，结果少。正常芽是指产生于枝蔓上的鳞片及叶腋间的芽；不定芽是指根系受伤或刺激后，局部组织转变成芽分生组织而产生的芽。

（3）枝蔓。猕猴桃的幼枝有蔓性，常按逆时针方向旋转，人工栽培的猕猴桃骨架由主干、主枝蔓、侧枝蔓、结果母枝组、结果母枝蔓、结果枝蔓和营养枝蔓组成。主干由实生苗的上胚轴或嫁接苗的接芽向上生长形成。结果枝蔓按生长势及长度分为徒长性结果枝蔓（大于 100cm）、长结果枝蔓（50 ～ 100cm）、中结果枝蔓（30 ～ 50cm）、短结果枝蔓（10 ～ 30cm）和超短结果枝蔓（小于 10cm）。营养枝蔓，又称为发育枝蔓，为各级骨架枝蔓上生长的不具备开花结果能力的枝蔓。正常果园需按 1/3 比例留有营养枝蔓。中华猕猴桃枝蔓一年一般有 3 个生长高峰，第一个在 4 月中旬至 5 月中旬，为一年中生长最快的时期，最大日生长量可以达到 15cm；第二个在 7 月下旬至 8 月下旬；第三个在 9 月上旬，为一小峰；早期落叶严重的植株，在 10 月上中旬易抽发晚秋梢。

（4）叶片。猕猴桃叶互生，叶柄较长，叶片大，半革质或纸质。早春萌芽后约 20 天开始展叶，其后迅速生长 1 个月，其大小接近总面积的 90% 左右时，转入缓慢生长至定型。通风透光条件下，叶片定形后到落叶前的几个月里光合作用最强，制造和向其他器官输送的养分最多。叶片具有光合和呼吸功能，当光合作用大于呼吸作用时，养分积累并输出供给树体及果实生长发育所需；当呼吸作用大于光合作用时，消耗营养。具有营养积累作用的叶片叫作有效叶，不具有营养积累作用的叶片叫作无效叶。无效叶的种类有：幼嫩叶、衰老叶、遮阳叶、病虫害或风等机械伤害造成的大面积失绿或破损叶。果园管理中应提高有效叶面积，减少无效叶数量，这样才能提高果园总体生产能力和经济效益。

（5）花。猕猴桃的花从结构上看属于完全花，具有花柄、花萼、花瓣、雄蕊和雌蕊。但从功能上看，绝大多数品种的花属于单性花。雄花雄蕊发达，花药呈现饱满状态，花药较大（2 ～ 4mm），花粉量大、活力强，子房小、柱头退化、有心室无胚珠、不能正常发育；雌花子房肥大，花柱长 8 ～ 9mm、21 ～ 41 枚，呈放射状向外弯曲，雄蕊退化、花药干瘪、无或有极少花粉。通常情况下，同一果园中华猕猴桃比美味猕猴桃开花早 7 ～ 10d，雄性花比雌性花开花早，向阳枝蔓的中部先开花，一朵单花可以开放 2 ～ 6d，花开的前 2d 为最佳授粉时间。

（6）果实。猕猴桃果实着生部位多在结果枝蔓的 5 ～ 12 个节位上，以 7 ～ 9 节位为主，中华和美味猕猴桃果实在树上的发育时间为 140 ～ 180d，有 3 个明显的阶段：①迅速生长期（花后 0 ～ 50d），此期果实体积和鲜果增量占 70% ～ 80%，种子白色；②慢速生长期（花后 50 ～ 100d），此期果实增长较慢，种子由白变褐；③微弱生长期（采前 30d），干物质积累快，种子颜色更深，更加饱满。果实发育过程中，内部化学物质和浓度在不断变化，其中淀粉和糖分的变化最明显，在发育早期，单糖转化为淀粉，接近花后 110d 时，淀粉约占干物质的 50%。花后 120 ～ 140d，淀粉降解为糖。采前，果实中的糖有一半为前期合成，另一半为前期积累的淀粉降解。无机盐初期有所下降，其后保持一个常量，有机酸类（可滴定酸）总含量前期稳步上升，采果前 20d 基本保持不变，维生素 C 含量在花后 70d 内急剧上升，其后稍有下降，最终保持一个稳定水平。猕猴桃属于典型的呼吸跃变型果实，采收后一段时间内会有一个很高的呼吸峰，然后下降并稳定到基础呼吸率，早采果实呼吸峰会提前，所以不耐贮藏。

（7）物候期。①伤流期，指植株任何部位受伤后不断流出树液的时期，早春萌芽前1个月到萌芽后的一段时期，为期近2个月；②萌芽期，指全树有5%的芽鳞片裂开，微露绿色的时期；③展叶期，指全树有5%的芽开始展开；④新梢开始生长期，指全树有5%的新梢开始生长的时期；⑤现蕾期，指全树有5%的枝蔓基部现蕾的时期；⑥始花期，指全树有5%的花朵开放的时期；⑦盛花期，指全树有75%的花朵开放的时期；⑧终花期，指全树有75%的花朵的花瓣凋零的时期；⑨坐果期，指全树有50%～95%的花朵的花瓣掉落的时期，也认为是果实开始迅速生长期；⑩新梢停止生长期，指全树有75%的新梢停止迅速生长的时期；⑪果实停止迅速生长期，指全树有75%的果实的体积停止迅速生长的时期；⑫二次新梢开始生长期，指全树有5%的新梢开始第二次生长的时期；⑬二次新梢停止生长期，指全树有75%的二次生长新梢停止生长的时期；⑭果实成熟期，指果实采收后，经后熟，能显现出其固有品质，种子饱满呈深褐色的采收时期；⑮落叶期，指全树5%～75%的叶脱落时期；⑯休眠期，指全树有75%的叶脱落到来年芽膨大之间的时期。另外还有花芽生理分化期，多在每年的7～9月。

附录 3　猕猴桃生长发育对环境条件的需求

（1）光照。猕猴桃幼苗和幼树喜阴，成年树喜光，属于喜光耐阴植物，中华猕猴桃和美味猕猴桃需要的年日照数为 1700 ～ 2600h，软枣猕猴桃需要的年日照数为 1300 ～ 2600h。向阳枝蔓的结实率为 46.3%，阴处枝蔓的结实率仅为 9.8%。阴处枝蔓细弱，芽子不饱满，抗旱、抗病能力差，易枯死，架面夜幕层厚度以地面见光率 10% ～ 15% 为宜，大于 15% 则光能利用不足，小于 10% 则下层细弱枝蔓多，树冠郁闭，病虫害严重。小棚架栽培模式的叶幕厚度不宜超过 1m，以从下向上能看见星星点点的天空为度。猕猴桃果实怕光，夏季光照过强，特别是伴随高温干旱的强光，会引起日灼病，轻者果实阳面受伤变褐，重者果、枝蔓，甚至叶片枯萎凋零。

（2）温度。猕猴桃的生物学零度为 8℃，即只有日平均气温在 8℃以上时，才开始萌芽生长。从萌芽到落叶，中华猕猴桃需要 210 ～ 240d，美味猕猴桃需要 190 ～ 230d，无霜期分别不能少于 180d 和 160d。中华猕猴桃和美味猕猴桃多分布在海拔 200 ～ 1500m 的山坡上，中华猕猴桃所能忍受的极端最低温高于美味猕猴桃，所能忍耐的极端最高温两者无差异。需要指出，栽培状态下，–15.8℃低温持续 1h，就有可能使美味猕猴桃的芽全部冻死。进入生长期后，猕猴桃对早春的倒春寒和晚霜以及晚秋的气温大幅度突降和早霜十分敏感。–1.5℃持续 30min 可使已经萌动的花芽冻坏，而晚秋的气温大幅度突降和早霜首先危害果实，使晚熟品种不能完成生理后熟，不能正常生理软化或软化后风味品质下降，中断叶片中的养分向枝蔓和根部回流，减少养分储存，影响翌年春季萌芽后生长。猕猴桃不耐高温，气温 30℃以上时，其枝蔓、叶、果实的生长量均明显下降，33℃时，果实阳面即发生日灼病，形成褐色至黑色干疤，如高温伴随低湿和大风，可使大量叶片叶缘撕裂、变褐、干枯、翻卷，对叶片功能和光合产物积累影响很大。

（3）水分。猕猴桃喜潮湿，怕干旱，不耐涝渍，树体含水量较大，水分约占总鲜重的 90%。野生状态下，猕猴桃多分布在降水量为 600 ～ 2000mm、相对湿度为 60% ～ 80% 地区的阴坡、山谷、溪涧附近的林荫地。成年猕猴桃渍水 3d 左右，枝蔓、叶子萎蔫，继而整株死亡。猕猴桃有 5 个明显的需水期。①萌芽前后要灌水 1、2 次，以补充伤流和萌芽所需；②新梢和幼果迅速生长期需灌水 1、2 次，此时为水分临界期，如果水分不足，营养生长和生殖生长争夺水分的矛盾将被激化，轻则果实生长受阻，重则影响树体生长、发育、抗逆性和寿命；③高温干旱的夏天需灌水 2、3 次，以缓解其后高温、低湿和树体蒸腾量大之间的矛盾，夏天正常栽培密度的猕猴桃每株用于蒸腾的水量高达 100L，此时不灌水或灌水不足，轻则植株大量落叶落果，重则枝蔓枯死或整株死亡；④秋季无雨时或施基肥后需灌水 1 次，此次灌水可使秋肥基肥的效力更好地发挥；⑤入冬后灌冬眠水，有利于树体安全越冬。美味猕猴桃的抗旱能力较强于中华猕猴桃。

（4）土壤。猕猴桃对土壤的要求为非碱性、非黏重土壤。如在山地草甸土、山地黄壤、山地黄棕壤、山地棕壤、红壤、黄壤、棕壤、黄棕壤、黄沙壤、黑沙壤以及各种沙砾壤上都可以栽培，以在腐殖质含量高、团粒结构好、持水能力强、通气性好的土壤上栽培最为理想。pH 为 5.5 ～ 6.5，在含五氧化二磷 0.12%、氧化钙 0.86%、氧化镁 0.75%、三氧化二铁 4.19% 的土壤上，中华猕猴桃和美味猕猴桃均能生长发育良好。新西兰报道，10 年生的美味猕猴桃品种每年因修剪和采果所损失的主要营养有：氮 196.2g/ 株、磷 24.49g/ 株、钙 100.1g/ 株、镁 25.45g/ 株、钾 253.1g/ 株，远高于苹果、梨、葡萄等其他果树。仅弥补修剪和采果损失的营养，每年每公顷猕猴桃果园需施氮 78kg、磷 9.8kg、钙 41kg、镁 10.4kg、钾 98kg。猕猴桃对铁的需求量高于其他果树因修剪和采果所造成的损失，要求土壤有效铁的临界值为 11.9mg/kg，而苹果、梨分别为 9.8mg/kg 和 6.3mg/kg。铁在土壤 pH 高于 7.5 的情况下，有效值很低，故偏碱性土壤栽培猕猴桃，更要注意重施铁肥。

（5）风。猕猴桃对风最敏感，自然状态下猕猴桃生长于丛林之下，多集中在背风向阳的地方。所以人工栽培时，一定要避开风口和常发生狂风暴雨的地方。大风主要使嫩枝蔓折断，叶片破碎或脱落，严重时刮落果实，失去商品价值。夏季干热风导致蔓叶萎蔫、叶缘干枯翻卷，冬季干冷风导致抽条或全株死亡。微风有利于猕猴桃自然授粉，调节局部小气候，调节温度、湿度以及改变叶的受光角度和强度，增加架面下部叶片受光的机会。

附录 4　猕猴桃丰产优质高效栽培技术

1. 园地规划

因地制宜将全园划分为若干作业区，大小因地形、地势、自然条件而异。作业区以道路隔开，灌水系统可与道路配套建设，同时建立果园排水系统，并且使各级排水渠道互通。多风地区宜设置防风林，距猕猴桃栽植行 4 ～ 5m，防风林以深耕性常绿树为主，株距 1.0 ～ 1.5m，成林后树高≥ 6m。

2. 品种选择

（1）雌株。红肉品种可选择红阳、金红 1 号、红实 2 号等，黄肉品种可选择金艳、金实 1 号等，绿肉品种可选择海沃德、翠香、徐香、翠玉等，软枣猕猴桃可选择宝贝星等。海拔超过 800m 区域不宜发展红肉及黄肉品种，海拔超过 1200m 的区域宜重点发展抗冻性较强的软枣猕猴桃品种。

（2）雄株。应配置花粉量大，与雌性品种亲和力强、花期基本相遇的雄性品种。同一园区尽量配置 2 个以上雄株品种。

（3）雌雄配比。建园时同时栽植或嫁接雌性品种和配套的雄性品种。雌雄株的配置比例为（5 ∶ 1）～（8 ∶ 1）。

（4）砧木。所有中华猕猴桃和美味猕猴桃品种宜选用米良 1 号、金魁、布鲁诺等品种实生苗做砧木。

3. 苗木质量

（1）裸根实生苗：一年生实生苗，苗高≥ 60cm、地径≥ 0.7cm、地上部分 30cm 范围内完全木质化，侧根数≥ 4 根、长度≥ 20cm、粗度≥ 0.3cm。无明显病虫害。

（2）裸根嫁接苗：当年生嫁接苗，苗高≥ 50cm、地径≥ 1.0cm、地上部分 40cm 范围内完全木质化，侧根数≥ 4 根、长度≥ 20cm、粗度≥ 0.4cm。嫁接口愈合好，无明显病虫害。

（3）营养袋嫁接苗：当年生营养袋嫁接苗，根球≥ 20cm、紧实，苗高≥ 60cm、地径≥ 1.0cm、地上部分 50cm 范围内完全木质化。嫁接口愈合好，无明显病虫害。

4. 栽植密度

株行距依据品种长势、土壤肥力、架式、栽培管理水平和机械化程度而定。红肉品种株行距通常为（1.5 ～ 3）m×（3 ～ 4）m；黄肉和绿肉品种株行距通常为（3 ～ 4）m×（4 ～ 5）m。

5. 整地方式

（1）坡度≤ 25° 的平坝区、缓坡区宜采取聚土起垄方式整地。全园撒施腐熟有机肥 2000 ～ 3000kg，翻耕深度 30cm，平整后，按照单行距进行画线，将厢面 1/2 范围内 20cm 厚表土堆放至另 1/2 范围上，形成沟宽为 1/2 行距、深 40cm，垄面宽 1/2 行距、高 40cm 的形状。

（2）排水条件好的平坝区或坡度≤ 15° 的缓坡区宜采取宽厢双行方式整地。全园撒施腐熟有机肥 4000 ～ 6000kg，深耕深度 60cm，平整后，按照双行距进行画线，再开沟，沟宽、深均为 60 ～ 80cm，厢面成鱼脊背形后在离沟边 1.5 ～ 2.0m 处放定植行线，每厢 2 条。

（3）园区面积小、无法机械改土的山区及地下水位偏高的平坝区宜采取窄厢单行方式整地。按照单行距进行画线，再开沟，沟宽、深均为 40 ～ 50cm，开沟时表土放于厢面中央、底土放于厢边。按照株距确定苗木栽植位置后，挖宽、深均为 40 ～ 50cm 的定植穴，穴施腐熟有机肥 20 ～ 30kg+ 钙镁磷肥 1kg，与底土混匀后回填定植穴内，再将定植穴周边表土聚拢成高 30cm、宽 100cm 的定植堆。

6. 栽植时期

裸根实生苗和裸根嫁接苗的栽植时间为秋季落叶后至萌芽前。营养袋嫁接苗可周年定植，但最好避开夏季高温期。

7. 定植方法

（1）苗木处理。嫁接苗需在栽植前解除嫁接塑料条，在嫁接部位以上选留一个壮枝，其余疏除，并对其保留的壮枝剪留 2、3 个饱满芽。实生苗直接剪留 2、3 个饱满芽处。营养袋嫁接苗可剪留 8 ～ 10 个饱满芽处。裸根苗需剪去损伤的根系，栽前先用泥浆沾根或用浸根液浸泡。

（2）苗木定植。将裸根苗木根系舒展放在穴中心（营养袋嫁接苗取袋后直接放入穴中），苗木在穴内的放置深度以穴内土壤充分下沉后，根茎部与地面持平为宜。苗木栽植后浇足定根水，并及时用 1.0m×1.0m 黑色薄膜覆盖树盘，薄膜中心位置预留 10cm×10cm 大小，防止薄膜与苗木根茎部接触，盖好后再用一小把细土将根茎部薄膜开口封严。

8. 架型与架材

1）架型选择

平地宜选用大水平棚架，台地宜选用小水平棚架或 T 形架，坡地宜选用 T 形架。

2）架材选择

主蔓钢丝和横梁钢丝宜选用 10# 镀锌钢丝，侧蔓钢丝宜选用 12# 镀锌钢丝。水平棚架和 T 形架水泥立柱横截面大小为 10cm×10cm、立柱全长 2.5m。避雨栽培所用钢管宜是热镀锌管，其中，立柱管壁厚度≥ 2.5mm，横梁和纵梁厚度≥ 2.0mm，栏杆和通杆厚度≥ 1.5mm。调光薄膜厚度≥ 0.08mm。

3）搭架方法

水平棚架：平地按照每 30 ～ 50 亩为一小区搭建大水平棚，台地以每个台地为单元搭建小水平棚。立柱栽植密度为（4 ～ 5）m×（5 ～ 6）m，地上部分长 1.7 ～ 1.8m，地下部分长 0.7 ～ 0.8m。顺横行和竖行用 10# 镀锌钢丝串联立柱，顺竖行每隔 60cm 架设 1 道 12# 镀锌钢丝。边上支柱向外倾斜 60° ～ 70°，每竖行末端立柱外 2.0m 处埋设一地锚拉线，地锚体积不小于 $0.06m^3$，埋置深度 100cm 以上。

T 形架：立柱栽植密度、深度和高度均与水平棚架一致。但立柱顶部加一水平横梁（大小与立柱相同，长 2.0m），构成“T”形的小支架，横梁上顺竖行架设 5 道 12# 镀锌钢丝（间隔 50 ～ 60cm），每行末端立柱外 2.0m 处埋设一地锚拉线，地锚体积及埋置深度与水平棚架一致。

避雨栽培架：棚宽 6 ～ 8m，肩高 2.8 ～ 3.5m，顶高 4.5 ～ 5.5m，棚长 50 ～ 100m。建棚时，在雨棚两边每隔 6m 立一根 50# 镀锌钢管，在钢管上顺横行和竖行安装 32# 镀锌钢管搭建横梁和纵梁，纵梁上每隔 50cm 安装 20# 镀锌钢管（加弧 6.5）作为棚拱，其上覆盖棚膜压紧。

9. 整形修剪

1）实生苗定植第 1 年

待芽长至 15cm 时选留 1 个壮芽，抹除多余萌芽。待枝蔓长至 60cm 时摘第一次心，使其抽发大量二次枝，抹除主干上离地面 15cm 范围内的所有萌芽。当二次枝长至 40cm 时对所有二次枝保留 3、4 片叶进行重摘心。当三次枝长至 40cm 时对所有三次枝保留 3、4 片叶进行重摘心。对二次枝完成重摘心后，用竹木或绳子牵引枝蔓，使其直立向上生长。冬季落叶后至萌芽前，按照雌雄株比例及时完成嫁接工作。嫁接高度以离地面 10cm 以上为宜。

2）田间嫁接后第 1 年（营养袋嫁接苗定植当年）

待嫁接芽出芽后抹除所有砧木萌芽。待嫁接芽长至 50cm 时，用绳子牵引，使其直立向上生长。待嫁接芽长至 2.5 ～ 3.0m 高时在架面以下 15 ～ 20cm 处进行重摘心。待二次枝长至 1.8m 时保留 1.5m 长度进行再摘心，使其抽发侧蔓，所有侧蔓均不摘心。冬季修剪时，8 月之前抽出的、粗度在 1cm 以上的侧蔓短截至粗度 0.6cm 处。8 月以后抽生的全部重短截，仅保留 2、3 个芽。

3）田间嫁接后第 2 年（营养袋嫁接苗定植第 2 年）

春季抹除主干上不必要芽和主蔓、侧蔓上萌发的位置不当芽或过密芽。如果一个节位上有多个芽，只选留 1 个壮芽。花前 7d 左右对结果枝和发育枝适当摘心。坐果后对结果枝留 7、8 片叶摘心或进行捏尖。更新枝不摘心。夏季疏除部分徒长枝、过密枝和衰弱枝。保留主蔓上抽发的侧生枝。冬季修剪时，对基部有明显更新枝的枝蔓回缩至更新枝萌发处。落叶后对 10 节以上的枝蔓短截至粗度 0.8cm 处。冬季修剪完成后用绑枝机或绑枝卡将蔓固定到架面上。

4）田间嫁接后第 3 年（营养袋嫁接苗定植第 3 年）及以后

红阳等长势较弱品种，在坐果后对结果枝留 10 片叶摘心或进行捏尖。翠玉、金艳等长势旺盛品种，在坐果后对旺盛结果枝进行零叶修剪，其余结果枝保留 7、8 片叶摘心或进行捏尖；更新枝不摘心。全年及时抹除主干上所有萌芽和主蔓、侧蔓上位置不当芽或过密芽。红阳等品种宜 11 月上旬开始冬季修剪，全部品种的冬季修剪工作在 12 月底前全部完成。修剪时，对基部有明显更新枝的枝蔓回缩至更新枝萌发处，落叶后再对 10 节以上的枝蔓短截至粗度 0.8cm 处；基部没有良好更新枝的结果母蔓可保留基部 2、3 个芽重回缩。萌芽前，在架面横梁钢丝中间竖立一根长 3.5 ～ 4.0m、直径 3 ～ 5cm 的支撑杆，顶端系32根1mm粗的牵引绳，单边各16根，杆立好后，将牵引绳逐根剪断，并间隔25～30cm系在主蔓钢丝上。萌芽后，间隔20～30cm保留主蔓上的萌芽，并在其40cm左右长时逆时针缠绕在临近的牵引绳上，使其顺牵引绳生长。其余芽全部在开花前后7d左右进行捏尖处理。

5）雄株修剪

雄株冬季修剪时主要疏除过密枝、幼嫩枝，适当短截过长枝。谢花后，需立即对雄株进行复剪，对已开花2～3年的花枝全部从基部疏除，其余枝条全部回缩至基部有健壮萌芽处。

10. 土肥水管理

1）土壤管理

老园土壤改良培肥：秋季对长势较差的老园进行一次修根。在离树干50cm处挖4条放射状沟，沟宽20～30cm、深度由浅入深。每株加入草炭10～20kg，与土混匀后回填，再用加有少量生根剂和腐殖酸的水浇透树盘。并用秸秆、松针等覆盖树盘（厚度15～20cm）保温控草，促新根生长。

新园行间合理间作：苗木定植第1～3年，提倡行间间作，宜以豆类为主，忌高秆、藤本作物。第4年及以后宜人工播种白三叶草或毛叶苕子，培肥土壤。

周年树盘覆盖：生产园提倡树盘覆盖，覆盖宽度随树龄增加逐年扩大，成龄后树盘覆盖直径≥1.0m。覆盖物可选择秸秆、松针、森林腐殖土等，厚度15～20cm。

2）施肥管理

施肥原则：以腐熟有机肥或生物有机肥为主，合理施用无机肥，有针对性补充中、微量元素肥料。推荐开展测土配方施肥，提倡使用微生物肥料。

施肥时期：幼树（1～3年生）定植当年，全年追肥9、10次。萌芽后20d施第一次肥，以后根据树体长势每月追肥1、2次，秋季落叶前施1次基肥。定植后1～2年，全年追肥7、8次。萌芽前10d施第一次肥，以后根据树体长势每月追肥1、2次，秋季落叶前施一次基肥。

成龄树（4年生及以后）每年施肥5次。第一次为基肥，9月上旬至10月底施入；第二次为萌芽肥，芽萌动时施入；第三次为花前肥，开花前15～20d施入；第四次为壮果肥，在谢花后15～20d施入；第五次为优果肥，谢花后80～90d施入。

施肥方法：幼龄园提倡开沟施肥。成龄园生长季节追肥，宜选用缓释肥土面撒施，也可选用水溶性复合肥料采用管道和施肥枪施肥。

水溶肥的根施浓度以0.3%～0.5%为宜（尿素和高氮型水溶肥的根施浓度需再降低50%）。叶面追肥浓度以0.1%～0.3%为宜，高温干旱期应酌情降低使用浓度。叶面追肥最好在晴天的上午10:00前或下午4:00后。

施肥量：亩施肥量考照附表1。

附表1　不同树龄猕猴桃园建议施肥量（以红阳为例）

（单位：$kg/667m^2$）

树龄	年产量	施肥量			
		有机肥	化肥		
			纯氮	纯磷	纯钾
1～2年生	–	2000	8	3	4
3～4年生	400～600	2000	10	5	6
5～6年生	800～1300	3000	15	10	12
7年生	1500	4000	20	12	16
成龄园	2000	4000	25	15	20

备注：第1年春季定植实生苗，第2年春季嫁接，第3～4年开始全面投产，第8年进入稳定丰产期（成龄）。

3）灌溉与排水

灌溉指标：猕猴桃根系生长适宜的土壤相对湿度为65%～90%，过干或过湿都不利于根系生长。

灌溉时期：萌芽期、花前10d和花后15～40d是猕猴桃需水关键期，可根据土壤水分状况适时适量灌溉。果实采收前15d左右应停止灌水。秋施基肥后至越冬前灌一次透水。避雨栽培猕猴桃园生长季节随时需注意补水保湿。

灌溉方式：山地或台地猕猴桃园，利用山塘水库或建造蓄水池，实行自流灌溉、喷灌、滴灌或浇灌，幼树每株每次浇水20～30kg，成年树每株每次浇水50～60kg。平地猕猴桃园，推荐使用微喷灌和滴灌。

排水要求：设置排水系统并及时清淤，多雨季节或果园积水时通过沟渠及时排水。

4）水肥一体化

移动式：可采用由 168F 四冲程汽油机 +8mm 内径三胶两线（以上）高压管 +304 含镍不锈钢高压施肥枪（喷雾枪）组装的高压施肥系统。

固定式：可采用滴灌或喷灌系统。滴灌和喷灌系统均由动力控制、水源工程、输送管道、微喷头（喷灌带）及注肥系统五个部分组成。避雨栽培园区宜配套微喷灌（喷灌带）系统。

11. 花果管理

1）疏蕾

花蕾长至豌豆大时开始疏蕾，直至开花前。疏除少叶或无叶花蕾枝；疏除侧花蕾、病虫花蕾、畸形花蕾。

2）授粉

雄花采集：上午露水干后，从雄株上人工采集含苞待放的“铃铛花”，或刚绽放的花。

爆粉：推荐使用花药脱离机快速获取花药并在恒温箱中爆粉。爆粉温度控制在 25 ～ 28℃，时间 8 ～ 10h。花粉爆出后，用干燥玻璃瓶收集并密闭后置于 3 ～ 5℃、黑暗条件下保存。

授粉时间：初花期、盛花期、末花期各授 1 次。授粉宜在中午 12 点以前进行。

授粉方法：推荐使用授粉器进行干粉喷授。将花粉和染色后的石松粉按照重量比（1 ∶ 5）～（1 ∶ 10）混匀后对准开放的雌花柱头进行喷授。采用蜜蜂授粉时，需在雌花开放 10% 时，按每 10000m^2 放置 5 ～ 7 箱蜜蜂。

3）疏果

疏果时期：谢花后的 10 ～ 15d。

疏果方法：疏去授粉受精不良的畸形果、扁平果、伤果、小果、病虫危害果、日灼果、过密果等。生长健壮的长果枝留 4 个或 5 个果，中庸的结果枝留 2 个或 3 个果，短果枝留 1 个或 2 个果。成龄园每平米架面留果 40 ～ 50 个。

4）套袋

谢花后 20 ～ 40d 进行套袋。选用疏水性强、透气性好的纸袋为宜。红阳、东红等红肉品种及海沃德、翠香等绿肉品种宜选用黄色单层纸袋，翠玉、金艳等黄肉品种宜选用外黄内黑复合纸袋。

12. 植物生长调节剂使用

（1）芸苔素内酯。谢花后 7d，生长势旺盛的品种或植株喷 0.01% 芸苔素内酯 1500 ～ 2000 倍液 1 次，15d 后再用一次，可提高坐果率和产量。

（2）三十烷醇。萌芽初期和果实迅速膨大期各喷 0.1% 三十烷醇 1000 ～ 2000 倍液 1 次，可提高萌芽率，促花芽分化。

（3）氯吡脲。浸果时，除红阳外，其他品种不宜使用。抹芽时，各品种均可用。红阳雌株谢花后 15 ～ 25d，用 0.1% 氯吡脲 100 ～ 120 倍液浸果 1 次，浸果时以刚好淹没整个果实后 3s 为宜。禁止在 30℃以上温度下用氯吡脲溶液浸果。猕猴桃幼树期，于夏季选择主干或主蔓上合适部位的芽，用 0.1% 氯吡脲 20 ～ 30 倍液蘸抹芽，并摘去芽子周围叶片，可促进其很快发芽，增加枝量。猕猴桃现蕾期，选择主蔓或侧蔓上合适的芽位，摘除花蕾，用 0.1% 氯吡脲 20 ～ 30 倍液蘸抹嫩梢，可促发健壮结果母枝或更新枝。

附录5　国家明令禁止及限制使用的农药

1. 国家明令禁止使用的农药清单

截至2018年，国家明令禁止使用的农药有42种，即甲胺磷、甲基对硫磷、对硫磷、久效磷、磷胺、六六六、滴滴涕、毒杀芬、二溴氯丙烷、杀虫脒、二溴乙烷、除草醚、艾氏剂、狄氏剂、汞制剂、砷类、铅类、敌枯双、氟乙酰胺、甘氟、毒鼠强、氟乙酸钠、毒鼠硅、苯线磷、地虫硫磷、甲基硫环磷、磷化钙、磷化镁、磷化锌、硫线磷、蝇毒磷、治螟磷、特丁硫磷、氯磺隆、福美胂、福美甲胂、胺苯磺隆单剂、甲磺隆单剂、胺苯磺隆、甲磺隆百、三氯杀螨醇、草枯水剂。

2. 限制在猕猴桃等水果生产中使用的农药清单

截至2018年，甲拌磷、甲基异柳磷、内吸磷、克百威、涕灭威、灭线磷、硫环磷、氯唑磷、水胺硫磷、杀扑磷、灭多威、硫丹、氧乐果、溴甲烷等。

附录 6　中国及主要贸易国家和地区对猕猴桃入境的农残要求

中国及主要贸易国家和地区对猕猴桃入境的农残要求部分信息见以下列表。由于国外标准更新频繁，完整信息详见中国技术性贸易措施网（网址：http://www.tbtsps.cn/page/tradez/Foodlimit.action?type=2&country=001017）。

中国对入境猕猴桃农药残留的检测标准及方法

序号	监控物质中文名称	监控物质英文名称	执行限量（mg/kg）	限量依据	检测方法
1	多菌灵★	carbendazim	0.5	GB2763 – 2017	GB/T20769 – 2008、NY/T1453 – 2007
2	溴氰菊酯★	deltamethrin	0.05	GB2763 – 2017	NY/T761 – 2008
3	乙烯利	ethephon	2	GB2763 – 2017	NY/T1016 – 2006
4	环酰菌胺	fenhexamid	15	GB2763 – 2017	
5	氯吡脲	forchlorfenuron	0.05	GB2763 – 2017	GB/T20770 – 2008
6	代森锰锌	mancozeb	2	GB2763 – 2017	SN/T0711 – 2011、SN/T1541 – 2005
7	氯菊酯	permethrin	2	GB2763 – 2017	NY/T761 – 2008
8	多杀霉素	spinosad	0.05	GB2763 – 2017	GB/T20769 – 2008
9	螺虫乙酯	spirotetramat	0.02	GB2763 – 2017	–
10	虫酰肼	tebufenozide	0.5	GB2763 – 2017	GB/T20769 – 2008
11	噻虫啉	thiacloprid	0.2	GB2763 – 2017	GB/T20769 – 2008、GB/T23200.8 – 2016

日本对入境猕猴桃农药残留限量

序号	指标名称（中文）	指标名称（英文）	产品名称（中文）	产品名称（英文）	限量值数值	限量值单位
1	1.1- 氯 -2.2- 二 (4- 乙苯) 乙烷	1,1-DICHLORO-2,2-BIS(4-ETHYLPHENYL)ETHANE	猕猴桃	Kiwifruit	0.01	ppm
2	2,4- 滴 (2,4- 二氨苯氧基乙酸)	2,4-D	猕猴桃	Kiwifruit	0.05	ppm
3	2 甲 4 氨丁酸	MCPB	猕猴桃	Kiwifruit	0.2	ppm
4	氟虫吡喹	PYRIBENCARB	猕猴桃	Kiwifruit	0.2	ppm
5	吡菌苯咸	PYRIFLUQUINAZON	猕猴桃	Kiwifruit	0.2	ppm
6	矮壮素	CHLORMEQUAT	猕猴桃	Kiwifruit	0.01	ppm
7	艾氏剂和狄氏剂（总量）	ALDRIN and DIELDRIN (as total)	猕猴桃	Kiwifruit	0.05	ppm
8	安果	FORMOTHION	猕猴桃	Kiwifruit	0.02	ppm
9	氨磺乐灵	ORYZALIN	猕猴桃	Kiwifruit	0.08	ppm
10	胺磺铜	DBEDC	猕猴桃	Kiwifruit	10	ppm
11	百草枯（克芜踪、对草快）	PARAQUAT	猕猴桃	Kiwifruit	0.05	ppm
12	百菌清（达克尼尔、四氯异苯腈）	CHLOROTHALONIL	猕猴桃	Kiwifruit	0.2	ppm
13	百克敏	Pyraclostrobin	猕猴桃	Kiwifruit	0.05	ppm
14	倍硫磷	Fenthion	猕猴桃	Kiwifruit	5	ppm
15	苯达松（噻草平、灭草松、排草丹、百草克苯噻氮、苯并硫、二嗪酮）	BENTAZONE	猕猴桃	Kiwifruit	0.02	ppm
16	苯丁锡（托尔克、螨烷锡）	FENBUTATIN OXIDE	猕猴桃	Kiwifruit	5	ppm
17	苯硫威	FENOTHIOCARB	猕猴桃	Kiwifruit	0.5	ppm
18	苯霜灵（苯那拉斯尔、酰胺菌酯、灭菌安）	BENALAXYL	猕猴桃	Kiwifruit	0.05	ppm
19	苯氧威	FENOXYCARB	猕猴桃	Kiwifruit	0.05	ppm

序号	指标名称（中文）	指标名称（英文）	产品名称（中文）	产品名称（英文）	限量值数值	限量值单位
20	吡虫啉	Imidacloprid	猕猴桃	Kiwifruit	0.2	ppm
21	吡虫清	Acetamiprid	猕猴桃	Kiwifruit	0.2	ppm
22	吡氟草胺	DIFLUFENICAN	猕猴桃	Kiwifruit	0.002	ppm
23	吡氟氯禾灵（盖草能、吡氟氯）	HALOXYFOP	猕猴桃	Kiwifruit	0.05	ppm
24	吡螨胺	TEBUFENPYRAD	猕猴桃	Kiwifruit	0.01	ppm
25	吡嘧磷（克菌磷、吡菌磷、定菌磷、完菌磷）	PYRAZOPHOS	猕猴桃	Kiwifruit	0.05	ppm
26	苄呋菊酯	RESMETHRIN	猕猴桃	Kiwifruit	0.1	ppm
27	丙硫克百威（免扶克）	BENFURACARB	猕猴桃	Kiwifruit	0.5	ppm
28	布洛芬	TRIFLOXYSTROBIN	猕猴桃	Kiwifruit	0.02	ppm
29	残杀威（残杀畏、2-苯14基氨基甲酸甲酯、安丹）	PROPOXUR	猕猴桃	Kiwifruit	1	ppm
30	草胺磷	GLUFOSINATE	猕猴桃	Kiwifruit	0.2	ppm
31	草甘膦	GLYPHOSATE	猕猴桃	Kiwifruit	0.1	ppm
32	虫螨腈	Chlorfenapyr	猕猴桃	Kiwifruit	0.05	ppm
33	虫酰肼	Tebufenozide	猕猴桃（包括果皮）	Kiwifruit (including peel)	0.5	ppm
34	除虫菊酯（除草菊素）	PYRETHRINS	猕猴桃	Kiwifruit	1	ppm
35	除虫脲（伏杀脲、敌虫隆、杀虫脲、二氟脲、低美脲、敌灭灵）	DIFLUBENZURON	猕猴桃	Kiwifruit	0.01	ppm
36	春雷毒素	KASUGAMYCIN	猕猴桃	Kiwifruit	0.04	ppm
37	哒菌酮（哒菌清，敌菌米臻，达灭净）	DICLOMEZINE	猕猴桃	Kiwifruit	0.02	ppm
38	哒螨灵	Pyridaben	猕猴桃	Kiwifruit	0.1	ppm

序号	指标名称（中文）	指标名称（英文）	产品名称（中文）	产品名称（英文）	限量值数值	限量值单位
39	滴滴涕（包括DDD和DDE)	DDT (including DDDand DDE)	猕猴桃	Kiwifruit	0.5	ppm
40	敌百虫	TRICHLORFON	猕猴桃	Kiwifruit	0.5	ppm
41	敌稗	PROPANIL	猕猴桃	Kiwifruit	0.1	ppm
42	敌草快（双快.杀草快）	DIQUAT	猕猴桃	Kiwifruit	0.03	ppm
43	敌草隆	DIURON	猕猴桃	Kiwifruit	0.05	ppm
44	敌敌畏和二溴磷（总量)	DICHLORVOS and NALED (as total)	猕猴桃	Kiwifruit	0.1	ppm
45	敌菌灵	ANILAZINE	猕猴桃	Kiwifruit	10	ppm
46	故糸磷	DIOXATHION	猕猴桃	Kiwifruit	0.05	ppm
47	碘苯睛	IOXYNIL	猕猴桃	Kiwifruit	0.1	ppm
48	丁呋喃，丁基加保扶	CARBOSULFAN	猕猴桃	Kiwifruit	0.2	ppm
49	丁咗脲	DIAFENTHIURON	猕猴桃	Kiwifruit	0.02	ppm
50	啶酰菌肢	Boscalid	猕猴桃	Kiwifruit	0.1	ppm
51	毒虫畏（硫年戊威）	CHLORFENVINPHOS	猕猴桃	Kiwifruit	0.05	ppm
52	毒死婢（陶斯松、采斯本、氯婢硫磷）	CHLORPYRIFOS	猕猴桃	Kiwifruit	2	ppm
53	对硫隣（福利多、1605、巴拉松）	PARATHION	猕猴桃	Kiwifruit	0.05	ppm
54	对氯苯氯乙酸	4-CPA	猕猴桃	Kiwifruit	0.1	ppm
55	多果定	DODINE	猕猴桃	Kiwifruit	0.2	ppm
56	多菌灵，托布津，甲基托布津，苯菌灵（总量）	CARBENDAZIM,THIOPHANATE; THIOPHANATE-METHYL and BENOMYL(as total)	猕猴桃	Kiwifruit	3	ppm
57	多效挫	Paclobutrazol	猕猴桃	Kiwifruit	0.01	ppm
58	悪毒炙	HYMEXAZOL	猕猴桃	Kiwifruit	0.5	ppm
59	悪味唑延胡素酸盆	OXPOCONAZOLE-FUMARATE	猕猴桃	Kiwifruit	2	ppm

序号	指标名称（中文）	指标名称（英文）	产品名称（中文）	产品名称（英文）	限量值数值	限量值单位
60	恶霜灵	OXADIXYL	猕猴桃	Kiwifruit	1	ppm
61	杀螨特	ARAMITE	猕猴桃	Kiwifruit	0.01	ppm
62	戊菌唑（配那唑、笔首唑）	PENCONAZOLE	猕猴桃	Kiwifruit	0.05	ppm
63	丙硫克百威（免扶克）	BENFURACARB	猕猴桃	Kiwifruit	0.5	ppm
64	灭蚜磷	MECARBAM	猕猴桃	Kiwifruit	0.05	ppm
65	辛硫磷（巴赛松、肟硫磷、倍腾松）	PHOXM	猕猴桃	Kiwifruit	0.02	ppm
66	乙丁烯酰磷	METHACRIFOS	猕猴桃	Kiwifruit	0.05	ppm
67	苯霜灵（苯那拉斯尔，配肢菌酸、灭菌安）	BENALAXYL	猕猴桃	Kiwifruit	0.05	ppm
68	甲拌磷（福瑞松）	PHORATE	猕猴桃	Kiwifruit	0.05	ppm
69	安果	FORMOTHION	猕猴桃	Kiwifruit	0.02	ppm
70	苯达松（牐草平、灭草松、排草丹、百草克、苯井疏、二唑酮）	BENTAZONE	猕猴桃	Kiwifruit	0.02	ppm
71	氯吡脲	FORCHLORFENURON	猕猴桃	Kiwifruit	0.1	ppm
72	噻唑磷	FOSTHIAZATE	猕猴桃	Kiwifruit	0.5	ppm
73	亚肢硫磷（酞肢硫磷、亚氮硫磷、益灭松）	PHOSMET	猕猴桃	Kiwifruit	0.1	ppm
74	多菌灵，托布津，甲基托布津，苯菌灵（总量）	CARBENDAZIM.THIOPHANATE, THIOPHANATE-METHYL and BENOMYL (as total)	猕猴桃	Kiwifruit	3	ppm
75	恶霜灵	OXADIXYL	猕猴桃	Kiwifruit	1	ppm
76	克氯得	CHLOZOLINATE	猕猴桃	Kiwifruit	0.05	ppm
77	枯草隆	CHLOROXURON	猕猴桃	Kiwifruit	0.05	ppm
78	氯丹	CHLORDANE	猕猴桃	Kiwifruit	0.02	ppm

序号	指标名称（中文）	指标名称（英文）	产品名称（中文）	产品名称（英文）	限量值数值	限量值单位
79	炔草酯	CLODINAFOP-PROPARGYL	猕猴桃	Kiwifruit	0.02	ppm
80	甲基毒死蜱（氨吡磷、甲基氨蜱硫磷）	CHLORPYRIFOS-METHYL	猕猴桃	Kiwifruit	0.05	ppm
81	毒虫畏（硫氧戊威）	CHLORFENVINPHOS	猕猴桃	Kiwifruit	0.05	ppm
82	燕麦清（苯敌快、野燕枯）	DIFENZOQUAT	猕猴桃	Kiwifruit	0.05	ppm
83	二嗪磷（内吸磷、敌草净、大力松、地亚农、二嗪农、大亚仙农）	DIAZINON	猕猴桃	Kiwifruit	0.2	ppm
84	硫双威和灭多威（总量）	THIODICARB and METHOMYL (as total)	猕猴桃	Kiwifruit	2	ppm
85	四氨硝基苯	TECNAZENE	猕猴桃	Kiwifruit	0.05	ppm
86	燕麦敌	DI-ALLATE	猕猴桃	Kiwifruit	0.05	ppm
87	三唑酮	TRIADIMEFON	猕猴桃	Kiwifruit	0.1	ppm
88	多果定	DODINE	猕猴桃	Kiwifruit	0.2	ppm
89	卡呋菊酯（右旋反灭虫菊酯、呋苄菊酯、苦里斯伦）	BIORESMETHRIN	猕猴桃	Kiwifruit	0.1	ppm
90	敌百虫	TRICHLORFON	猕猴桃	Kiwifruit	0.5	ppm
91	敌草快（双快、杀草快）	DIQUAT	猕猴桃	Kiwifruit	0.03	ppm
92	氢氰酸	HYDROGEN CYANIDE	猕猴桃	Kiwifruit	5	ppm
93	三氯杀螨醇（开乐散、凯尔生）	DICOFOL	猕猴桃	Kiwifruit	3	ppm
94	哒莹酮（哒菌清，敌菌米嗪，达灭净）	DICLOMEZINE	猕猴桃	Kiwifruit	0.02	ppm
95	塞草酮	CYCLOXYDIM	猕猴桃	Kiwifruit	0.05	ppm
96	杀螟腈	CYANOPHOS	猕猴桃	Kiwifruit	0.2	ppm
97	敌草隆	DIURON	猕猴桃	Kiwifruit	0.05	ppm

序号	指标名称（中文）	指标名称（英文）	产品名称（中文）	产品名称（英文）	限量值数值	限量值单位
98	敌杀磷	DIOXATHION	猕猴桃	Kiwifruit	0.05	ppm
99	二氟吡隆	DIFLUFENZOPYR	猕猴桃	Kiwifruit	0.05	ppm
100	二苯胺（联苯胺）	DIPHENYLAMINE	猕猴桃	Kiwifruit	0.05	ppm
101	双氢链霉素，链霉素（总量）	DIHYDROSTREPTOMYCIN and STREPTOMYCIN (as total)	猕猴桃	Kiwifruit	0.05	ppm
102	环丙唑醇（环唑醇）	CYPROCONAZOLE	猕猴桃	Kiwifruit	0.5	ppm
103	毒死蜱（陶斯松、乐斯本、氯蜱硫磷）	CHLORPYRIFOS	猕猴桃	Kiwifruit	2	ppm
104	异菌脲（异菌咪、扑海因、咪唑毒、扑菌安）	IPRODIONE	猕猴桃	Kiwifruit	5	ppm
105	氯氰菊酯（赛灭宁、顺式氨氛菊酯、高效灭百可）	CYPERMETHRIN	猕猴桃	Kiwifruit	2	ppm
106	苯丁锡（托尔克、螨烷锡）	FENBUTATIN OXIDE	猕猴桃	Kiwifruit	5	ppm
107	三环锡（普特丹）	CYHEXATIN	猕猴桃	Kiwifruit	不得检出	
108	双胍辛胺	IMINOCTADINE	猕猴桃	Kiwifruit	0.2	ppm
109	三氟氯氰菊酯（功夫菊酯、氯氛氰菊酯、氟氯栗酮、拉不达菊酯、赛落宁）	CYHALOTHRIN	猕猴桃	Kiwifruit	0.5	ppm
110	溴化物	BROMIDE ION	猕猴桃	Kiwifruit	30	ppm
111	烯菌灵（益灭菌唑、依灭列）	IMAZALIL	猕猴桃	Kiwifruit	2	ppm
112	敌敌畏和二溴磷（总量）	DICHLORVOS and NALED (as total)	猕猴桃	Kiwifruit	0.1	ppm
113	甲磺草胺	SULFENTRAZONE	猕猴桃	Kiwifruit	0.05	ppm
114	吡氟草胺	DIFLUFENICAN	猕猴桃	Kiwifruit	0.002	ppm

序号	指标名称（中文）	指标名称（英文）	产品名称（中文）	产品名称（英文）	限量值数值	限量值单位
115	乐果	DIMETHOATE	猕猴桃	Kiwifruit	1	ppm
116	吡虫啉	imidacloprid	猕猴桃	Kiwifruit	0.2	ppm
117	虫酰肼	Tebufenozide	猕猴桃	Kiwifruit	0.5	ppm
118	噻嗪酮	Buprofezin	猕猴桃	Kiwifruit	0.5	ppm
119	百克敏	Pyraclostrobin	猕猴桃	Kiwifruit	0.05	ppm
120	啶酰菌胺	Boscalid	猕猴桃	Kiwifruit	0.1	ppm
121	吡螨胺	TEBUFENPYRAD	猕猴桃	Kiwifruit	0.01	ppm
122	氰氟虫腙	Metaflumizone	猕猴桃	Kiwifruit	0.3	ppm
123	叶菌唑	Metconazole	猕猴桃	Kiwifruit	0.4T	
124	灭螨醌	Acequinocyl	猕猴桃	Kiwifruit	0.2T	
125	联苯肼酯	Bifenazate	猕猴桃	Kiwifruit	1.0T	
126	克虫定	Clothianidin	猕猴桃	Kiwifruit	0.5T	
127	杀螟硫磷	Fenitrothion	猕猴桃	Kiwifruit	0.3T	
128	醚菊酯	Etofenprox	猕猴桃	Kiwifruit	1.0T	
129	苯并噻二唑	Acibenzolar-S-methyl	猕猴桃	Kiwifruit	2.0T	
130	甲螨酯	Spiromesifen	猕猴桃	Kiwifruit	1.0T	
131	啶虫脒	Acetamiprid	猕猴桃	Kiwifruit	0.3T	
132	戊唑醇	Tebuconazole	猕猴桃	Kiwifruit	0.5T	
133	唑菌胺酯	Pyraclostrobin	猕猴桃	Kiwifruit	0.7T	
134	稻丰散：PAP	Phenthoate:PAP	猕猴桃	Kiwifruit	0.5T	
135	噻虫嗪	Thiamethoxam	猕猴桃	Kiwifruit	1.0T	

欧盟对入境猕猴桃农药残留限量

序号	指标名称（中文）	指标名称（英文）	产品名称（中文）	产品名称（英文）	限量值数值	限量值单位
1	2,4- 滴	2,4-D	猕猴桃（绿、红、黄）	Kiwi fruits (green,red,yellow)	0.05	mg/kg
2	阿维菌素	Abamectin	猕猴桃（绿、红、黄）	Kiwi fruits (green,red,yellow)	0.01	mg/kg
3	矮壮素	Chlormequat	猕猴桃（绿、红、黄）	Kiwi fruits (green,red,yellow)	0.01	mg/kg
4	胺苯磺隆	Ethametsulfuron-methyl	猕猴桃（绿、红、黄）	Kiwi fruits (green,red,yellow)	0.01	mg/kg
5	百菌清	Chlorothalonil	猕猴桃（绿、红、黄）	Kiwi fruits (green,red,yellow)	0.01	mg/kg
6	苯胺灵	Propham	猕猴桃（绿、红、黄）	Kiwi fruits (green,red,yellow)	0.01	mg/kg
7	苯吡菌胺	Sedaxane	猕猴桃（绿、红、黄）	Kiwi fruits (green,red,yellow)		mg/kg
8	苯并噻二唑	Acibenzolar-S-methyl	猕猴桃（绿、红、黄）	Kiwi fruits (green,red,yellow)	0.4	mg/kg
9	苯甲酸	Benzoic acid	猕猴桃（绿、红、黄）	Kiwi fruits (green,red,yellow)	No MRL requird	mg/kg
10	苯菌酮	Metrafenone	猕猴桃（绿、红、黄）	Kiwi fruits (green,red,yellow)	0.01	mg/kg
11	苯醚甲环唑	Difenoconazole	猕猴桃（绿、红、黄）	Kiwi fruits (green,red,yellow)	0.1	mg/kg
12	苯醚菊酯	Phenothrin	猕猴桃（绿、红、黄）	Kiwi fruits (green,red,yellow)	0.02	mg/kg
13	苯嘧磺草胺	Saflufenacil	猕猴桃（绿、红、黄）	Kiwi fruits (green,red,yellow)	0.03	mg/kg
14	苯嗪草酮	Metamitron	猕猴桃（绿、红、黄）	Kiwi fruits (green,red,yellow)	0.1	mg/kg
15	苯噻菌胺	Benthiavalicarb	猕猴桃（绿、红、黄）	Kiwi fruits (green,red,yellow)	0.01	mg/kg
16	苯霜灵	Benalaxyl	猕猴桃（绿、红、黄）	Kiwi fruits (green,red,yellow)	0.05	mg/kg

序号	指标名称（中文）	指标名称（英文）	产品名称（中文）	产品名称（英文）	限量值数值	限量值单位
17	苯酰菌胺	Zoxamide	猕猴桃（绿、红、黄）	Kiwi fruits (green,red,yellow)	0.02	mg/kg
18	苯线磷	Fenamiphos	猕猴桃（绿、红、黄）	Kiwi fruits (green,red,yellow)	0.02	mg/kg
19	苯锈啶	Fenpropidin	猕猴桃（绿、红、黄）	Kiwi fruits (green,red,yellow)	0.01	mg/kg
20	苯扎氯铵	Benzalkonium chloride	猕猴桃（绿、红、黄）	Kiwi fruits (green,red,yellow)	0.1	mg/kg
21	吡丙醚	Pyriproxyfen	猕猴桃（绿、红、黄）	Kiwi fruits (green,red,yellow)	0.05	mg/kg
22	吡草醚	Pyraflufen-ethyl	猕猴桃（绿、红、黄）	Kiwi fruits (green,red,yellow)	0.02	mg/kg
23	吡虫啉	Imidacloprid	猕猴桃（绿、红、黄）	Kiwi fruits (green,red,yellow)	0.05	mg/kg
24	吡氟酰草胺	Diflufenican	猕猴桃（绿、红、黄）	Kiwi fruits (green,red,yellow)	0.01	mg/kg
25	吡螨胺	Tebufenpyrad	猕猴桃（绿、红、黄）	Kiwi fruits (green,red,yellow)	0.01	mg/kg
26	吡嘧磷	Pyrazophos	猕猴桃（绿、红、黄）	Kiwi fruits (green,red,yellow)	0.01	mg/kg
27	吡蚜酮	Pymetrozine	猕猴桃（绿、红、黄）	Kiwi fruits (green,red,yellow)	0.02	mg/kg
28	吡唑醚菌酯	Pyraclostrobin	猕猴桃（绿、红、黄）	Kiwi fruits (green,red,yellow)	0.02	mg/kg
29	丙苯磺隆	Propoxycarbazone	猕猴桃（绿、红、黄）	Kiwi fruits (green,red,yellow)	0.02	mg/kg
30	丙环唑	Propiconazole	猕猴桃（绿、红、黄）	Kiwi fruits (green,red,yellow)	0.01	mg/kg
31	丙硫菌唑	Prothioconazole	猕猴桃（绿、红、黄）	Kiwi fruits (green,red,yellow)	0.01	mg/kg
32	丙森锌	Iprovalicarb	猕猴桃（绿、红、黄）	Kiwi fruits (green,red,yellow)	0.01	mg/kg
33	丙溴磷	Profenofos	猕猴桃（绿、红、黄）	Kiwi fruits (green,red,yellow)	0.01	mg/kg

序号	指标名称（中文）	指标名称（英文）	产品名称（中文）	产品名称（英文）	限量值数值	限量值单位
34	草铵膦	Glufosinate-ammonium	猕猴桃（绿、红、黄）	Kiwi fruits (green,red,yellow)	0.6	mg/kg
35	草甘膦	Glyphosate	猕猴桃（绿、红、黄）	Kiwi fruits (green,red,yellow)	0.1	mg/kg
36	赤霉素	Gibberellin	猕猴桃（绿、红、黄）	Kiwi fruits (green,red,yellow)	No MRL requird	mg/kg
37	赤霉酸	Gibberellicacid	猕猴桃（绿、红、黄）	Kiwi fruits (green,red,yellow)	No MRL requird	mg/kg
38	虫螨腈	Chlorfenapyr	猕猴桃（绿、红、黄）	Kiwi fruits (green,red,yellow)	0.01	mg/kg
39	虫螨畏	Methacrifos	猕猴桃（绿、红、黄）	Kiwi fruits (green,red,yellow)	0.01	mg/kg
40	虫酰肼	Tebufenozide	猕猴桃（绿、红、黄）	Kiwi fruits (green,red,yellow)	0.5	mg/kg
41	除草醚	Nitrofen	猕猴桃（绿、红、黄）	Kiwi fruits (green,red,yellow)	0.01	mg/kg
42	除虫菊素	Pyrethrins	猕猴桃（绿、红、黄）	Kiwi fruits (green,red,yellow)	1	mg/kg
43	哒螨灵	Pyridaben	猕猴桃（绿、红、黄）	Kiwi fruits (green,red,yellow)	0.5	mg/kg
44	碘甲磺隆	Iodosulfuronmethyl	猕猴桃（绿、红、黄）	Kiwi fruits (green,red,yellow)	0.01	mg/kg
45	丁苯吗啉	Fenpropimorph	猕猴桃（绿、红、黄）	Kiwi fruits (green,red,yellow)	0.01	mg/kg
46	啶虫丙醚	Pyridalyl	猕猴桃（绿、红、黄）	Kiwi fruits (green,red,yellow)	0.01	mg/kg
47	啶虫脒	Acetamiprid	猕猴桃（绿、红、黄）	Kiwi fruits (green,red,yellow)	0.01	mg/kg
48	啶酰菌胺	Boscalid	猕猴桃（绿、红、黄）	Kiwi fruits (green,red,yellow)	5	mg/kg
49	啶氧菌酯	Picoxystrobin	猕猴桃（绿、红、黄）	Kiwi fruits (green,red,yellow)	0.01	mg/kg
50	毒草胺	Propachlor	猕猴桃（绿、红、黄）	Kiwi fruits (green,red,yellow)	0.02	mg/kg

序号	指标名称（中文）	指标名称（英文）	产品名称（中文）	产品名称（英文）	限量值数值	限量值单位
51	毒虫畏	Chlorfenvinphos	猕猴桃（绿、红、黄）	Kiwi fruits (green,red,yellow)	0.01	mg/kg
52	毒杀芬	Camphechlor	猕猴桃（绿、红、黄）	Kiwi fruits (green,red,yellow)	0.01	mg/kg
53	毒死蜱	Chlorpyrifos	猕猴桃（绿、红、黄）	Kiwi fruits (green,red,yellow)	0.01	mg/kg
54	多菌灵和苯菌灵	Carbendazim and benomyl	猕猴桃（绿、红、黄）	Kiwi fruits (green,red,yellow)	0.1	mg/kg
55	噁草酮	Oxadiazon	猕猴桃（绿、红、黄）	Kiwi fruits (green,red,yellow)	0.05	mg/kg
56	噁霉灵	Hymexazol	猕猴桃（绿、红、黄）	Kiwi fruits (green,red,yellow)	0.05	mg/kg
57	噁霜灵	Oxadixyl	猕猴桃（绿、红、黄）	Kiwi fruits (green,red,yellow)	0.01	mg/kg
58	噁唑菌酮	Famoxadone	猕猴桃（绿、红、黄）	Kiwi fruits (green,red,yellow)	0.01	mg/kg
59	氟苯虫酰胺	Flubendiamide	猕猴桃（绿、红、黄）	Kiwi fruits (green,red,yellow)	0.01	mg/kg
60	氟吡菌胺	Fluopicolide	猕猴桃（绿、红、黄）	Kiwi fruits (green,red,yellow)	0.01	mg/kg
61	氟吡菌酰胺	Fluopyram	猕猴桃（绿、红、黄）	Kiwi fruits (green,red,yellow)	0.01	mg/kg
62	氟吡酰草胺	Picolinafen	猕猴桃（绿、红、黄）	Kiwi fruits (green,red,yellow)	0.01	mg/kg
63	氟啶胺	Fluazinam	猕猴桃（绿、红、黄）	Kiwi fruits (green,red,yellow)	0.01	mg/kg
64	氟硅唑	Flusilazole	猕猴桃（绿、红、黄）	Kiwi fruits (green,red,yellow)	0.01	mg/kg
65	氟环唑	Epoxiconazole	猕猴桃（绿、红、黄）	Kiwi fruits (green,red,yellow)	0.05	mg/kg
66	氟氯氰菊酯	Cyfluthrin	猕猴桃（绿、红、黄）	Kiwi fruits (green,red,yellow)	0.02	mg/kg
67	氟嘧菌酯	Fluoxastrobin	猕猴桃（绿、红、黄）	Kiwi fruits (green,red,yellow)	0.01	mg/kg

序号	指标名称（中文）	指标名称（英文）	产品名称（中文）	产品名称（英文）	限量值数值	限量值单位
68	氟唑菌酰胺	Fluxapyroxad	猕猴桃（绿、红、黄）	Kiwi fruits (green,red,yellow)	0.01	mg/kg
69	福美双	Thiram	猕猴桃（绿、红、黄）	Kiwi fruits (green,red,yellow)	0.1	mg/kg
70	腐霉利	Procymidone	猕猴桃（绿、红、黄）	Kiwi fruits (green,red,yellow)	0.01	mg/kg
71	咯菌腈	Fludioxonil	猕猴桃（绿、红、黄）	Kiwi fruits (green,red,yellow)	15	mg/kg
72	己唑醇	Hexaconazole	猕猴桃（绿、红、黄）	Kiwi fruits (green,red,yellow)	0.01	mg/kg
73	甲基硫菌灵	Thiophanate-methyl	猕猴桃（绿、红、黄）	Kiwi fruits (green,red,yellow)	0.1	mg/kg
74	甲霜灵和精甲霜灵	Metalaxyl and metalaxyl-M	猕猴桃（绿、红、黄）	Kiwi fruits (green,red,yellow)	0.02	mg/kg
75	腈菌唑	Myclobutanil	猕猴桃（绿、红、黄）	Kiwi fruits (green,red,yellow)	0.02	mg/kg
76	抗蚜威	Pirimicarb	猕猴桃（绿、红、黄）	Kiwi fruits (green,red,yellow)	0.01	mg/kg
77	克百威	Carbofuran	猕猴桃（绿、红、黄）	Kiwi fruits (green,red,yellow)	0.01	mg/kg
78	乐果	Dimethoate	猕猴桃（绿、红、黄）	Kiwi fruits (green,red,yellow)	0.01	mg/kg
79	联苯吡菌胺	Bixafen	猕猴桃（绿、红、黄）	Kiwi fruits (green,red,yellow)	0.01	mg/kg
80	螺虫乙酯	Spirotetramatt	猕猴桃（绿、红、黄）	Kiwi fruits (green,red,yellow)	0.3	mg/kg
81	氯吡嘧磺隆	Halosulfuron methyl	猕猴桃（绿、红、黄）	Kiwi fruits (green,red,yellow)	0.01	mg/kg
82	氯吡脲	Forchlorfenuron	猕猴桃（绿、红、黄）	Kiwi fruits (green,red,yellow)	0.01	mg/kg
83	氯氰菊脂	Cypermethrin	猕猴桃（绿、红、黄）	Kiwi fruits (green,red,yellow)	0.05	mg/kg
84	咪鲜胺	Prochloraz	猕猴桃（绿、红、黄）	Kiwi fruits (green,red,yellow)	0.05	mg/kg

序号	指标名称（中文）	指标名称（英文）	产品名称（中文）	产品名称（英文）	限量值数值	限量值单位
85	醚菌酯	Kresoxim-methyl	猕猴桃(绿、红、黄)	Kiwi fruits (green,red,yellow)	0.01	mg/kg
86	嘧菌环胺	Cyprodinil	猕猴桃(绿、红、黄)	Kiwi fruits (green,red,yellow)	0.02	mg/kg
87	嘧菌酯	Azoxystrobin	猕猴桃(绿、红、黄)	Kiwi fruits (green,red,yellow)	0.01	mg/kg
88	嘧霉胺	Pyrimethanil	猕猴桃(绿、红、黄)	Kiwi fruits (green,red,yellow)	0.01	mg/kg
89	噻虫啉	Thiacloprid	猕猴桃(绿、红、黄)	Kiwi fruits (green,red,yellow)	0.2	mg/kg
90	噻虫嗪	Thiamethoxam	猕猴桃(绿、红、黄)	Kiwi fruits (green,red,yellow)	0.01	mg/kg
91	三唑醇	Triadimenol	猕猴桃(绿、红、黄)	Kiwi fruits (green,red,yellow)	0.01	mg/kg
92	杀螨特	Aramite	猕猴桃(绿、红、黄)	Kiwi fruits (green,red,yellow)	0.01	mg/kg
93	霜脲氰	Cymoxanil	猕猴桃(绿、红、黄)	Kiwi fruits (green,red,yellow)	0.01	mg/kg
94	肟菌酯	Trifloxystrobin	猕猴桃(绿、红、黄)	Kiwi fruits (green,red,yellow)	0.01	mg/kg
95	戊唑醇	Tebuconazole	猕猴桃(绿、红、黄)	Kiwi fruits (green,red,yellow)	0.02	mg/kg
96	烯酰吗啉	Dimethomorph	猕猴桃(绿、红、黄)	Kiwi fruits (green,red,yellow)	0.01	mg/kg
97	酰嘧磺隆	Amidosulfuron	猕猴桃(绿、红、黄)	Kiwi fruits (green,red,yellow)	0.01	mg/kg
98	溴氰菊酯	Deltamethrin	猕猴桃(绿、红、黄)	Kiwi fruits (green,red,yellow)	0.15	mg/kg
99	烟嘧磺隆	Nicosulfuron	猕猴桃(绿、红、黄)	Kiwi fruits (green,red,yellow)	0.01	mg/kg
100	乙草胺	Acetochlor	猕猴桃(绿、红、黄)	Kiwi fruits (green,red,yellow)	0.01	mg/kg
101	异菌脲	Iprodione	猕猴桃(绿、红、黄)	Kiwi fruits (green,red,yellow)	5	mg/kg

序号	指标名称（中文）	指标名称（英文）	产品名称（中文）	产品名称（英文）	限量值数值	限量值单位
102	抑霉唑	Imazalil	猕猴桃（绿、红、黄）	Kiwi fruits (green,red,yellow)	0.05	mg/kg
103	莠去津	Atrazine	猕猴桃（绿、红、黄）	Kiwi fruits (green,red,yellow)	0.05	mg/kg

巴西对入境猕猴桃农药残留限量

序号	指标名称（中文）	指标名称（英文）	产品名称（中文）	产品名称（英文）	限量值数值	限量值单位
1	啶酰菌胺	boscalid	猕猴桃	Kiwi	1.0	mg/kg
2	多杀毒素	spinosad	猕猴桃	Kiwi	0.0	mg/kg
3	粉唑醇	flutriafol	猕猴桃	Kiwi	0.5	mg/kg
4	高效氨氟氰菊酯	lambda-cyhalothrin	猕猴桃	Kiwi	1.0	mg/kg
5	高效氨氰菊酯	beta-cypermethrin	猕猴桃	Kiwi	0.02	mg/kg
6	甲基环丙烯	methylcyclopropene	猕猴桃	Kiwi	见备注①	mg/kg
7	醚菌酯	kresoxim-methyl	猕猴桃	Kiwi	0.2	mg/kg
8	噻嗪酮	buprofezin	猕猴桃	Kiwi	0.3	mg/kg
9	碳酸氢钾	potassium bicarbonate	猕猴桃	Kiwi	见备注②	mg/kg
10	唑螨酯	fenpyroximate	猕猴桃	Kiwi	0.1	mg/kg

注：① 由于用于检测和量化处理的作物的活性成分无法识别，无法确定安全范围；
② 任何使用量其最大残留限值和安全范围都无法被确定

俄罗斯对入境猕猴桃农药残留限量

序号	指标名称（中文）	指标名称（英文）	产品名称（中文）	产品名称（英文）	限量值数值	限量值单位
1	多杀菌素 (SpinosinA+D)	Spinosad (Spinosin A+D)	猕猴桃	kiwi	0.1	mg/kg

序号	指标名称（中文）	指标名称（英文）	产品名称（中文）	产品名称（英文）	限量值数值	限量值单位
2	二嗪磷	Diazinon	甜瓜覆盆子，醋栗（红黑白），莫越莓，桃猕猴桃甘蓝豌豆（新鲜豆类），豆类（豆荚/种子）	musk melon, raspberry, currant (red,black, white), cranberry, peach, kiwi, kohlrabi, peas(fresh beans), beans (pods/seeds)	0.2	mg/kg
3	咯菌腈	Fludioxonil	猕猴桃	kiwi	15.0	mg/kg
4	氯菊酯	Permethrin	猕猴桃	kiwi	2.0	mg/kg
5	氰戊菊酯	Fenvalerate	猕猴桃桃辣椒（干）未加工麦麸	kiwi, peach, chilipepper (dry), non-processedwheat bran	5.0	mg/kg
6	噻虫啉	Thiaclopid	猕猴桃瓜西瓜冬瓜	kiwi, melons, water melons, winter squash	0.2	mg/kg
7	乙烯菌核利	Vinclozolin	猕猴桃	kiwi	10.0	mg/kg
8	异菌脲	Iprodione	猕猴桃	kiwi	5.0	mg/kg

韩国对入境猕猴桃农药残留限量

序号	指标名称（中文）	指标名称（英文）	产品名称（中文）	产品名称（英文）	限量值数值	限量值单位
1	阿维菌素	Abamectin	Arguta 猕猴桃	Arguta kiwifruit	0.05T	
2	苯并噻二唑	Acibenzolar-S-methyl	Arguta 猕猴桃	Arguta kiwifruit	2.0T	
3	稻丰散 :PAP	Phenthoate:PAP	Arguta 猕猴桃	Arguta kiwifruit	0.5T	
4	丁氟螨酯	Cyflumetofen	Arguta 猕猴桃	Arguta kiwifruit	0.6T	
5	啶虫脒	Acetamiprid	Arguta 猕猴桃	Arguta kiwifruit	0.3T	
6	氟啶胺	Fluazinam	Arguta 猕猴桃	Arguta kiwifruit	0.05T	
7	环虫酰肼	Chromafenozide.	Arguta 猕猴桃	Arguta kiwifruit	0.7T	
8	甲螨酯	Spiromesifen	Arguta 猕猴桃	Arguta kiwifruit	1.0T	
9	克虫定	Clothianidin	Arguta 猕猴桃	Arguta kiwifruit	0.5T	
10	联苯肼酯	Bifenazate	Arguta 猕猴桃	Arguta kiwifruit	1.0T	
11	联苯菊酯	Bifenthrin	Arguta 猕猴桃	Arguta kiwifruit	0.3T	

序号	指标名称（中文）	指标名称（英文）	产品名称（中文）	产品名称（英文）	限量值数值	限量值单位
12	螺虫乙酯	Spirotetramat	Arguta 猕猴桃	Arguta kiwifruit	0.2T	
13	醚菊酮	Etofenprox	Arguta 猕猴桃	Arguta kiwifruit	1.0T	
14	灭螨醌	Acequinocyl	Arguta 猕猴桃	Arguta kiwifruit	0.2T	
15	噻虫嗪	Thiamethoxam	Arguta 猕猴桃	Arguta kiwifruit	1.0T	
16	草萘胺	Napropamide	猕猴桃	Kiwifruit	0.1	ppm
17	虫酰肼	Tebufenozide	猕猴桃	Kiwifruit	0.5	ppm
18	毒死蜱	Chorpyrifos	猕猴桃	Kiwifruit	2	ppm
19	二嗪磷	Diazinon	猕猴桃	Kiwifruit	0.75	ppm
20	氨吡脲	Forchlorfenuron	猕猴桃	kiwifruit	0.04	ppm
21	氯菊酯	Permethrin	猕猴桃	kiwifruit	2	ppm
22	嘧菌环胺	Cyprodinil	猕猴桃	kiwifruit	1.8	ppm
23	异莹脲	Iprodione	猕猴桃	Kiwifruit	10	ppm
24	吲哚羧酸酯	Fenhexamid	猕猴桃，采收后	Kiwifruit, postharvest	15	ppm

加拿大对入境猕猴桃农药残留限量

序号	指标名称（中文）	指标名称（英文）	产品名称（中文）	产品名称（英文）	限量值数值	限量值单位
1	啶虫脒（别名：吡虫清）	Acetamiprid	软枣猕猴桃	Hardy kiwifruit	0.35	ppm
2	唑嘧菌胺	Ametoctradin	软枣猕猴桃	Hardy kiwifruit	4	ppm
3	保棉磷（别名：甲基谷硫磷；谷硫磷）	Azinphos-methyl	猕猴桃	Kiwifruit	0.4	ppm
4	嘧菌酯	Azoxystrobin	软枣猕猴桃	Hardy kiwifruit	4	ppm
5	苯丙烯氟菌唑	Benzovindiflupyr	软枣猕猴桃	Hardy kiwifruit	1	ppm
6	氯虫酰胺（别名：氯虫苯甲酰胺）	Chlorantraniliprole	软枣猕猴桃	Hardy kiwifruit	1.2	ppm
7	毒死蜱	Chlorpyrifos	猕猴桃	Kiwifruit	2	ppm
8	环氟菌胺	Cyflufenamid	软枣猕猴桃	Hardy kiwifruit	0.15	ppm

序号	指标名称（中文）	指标名称（英文）	产品名称（中文）	产品名称（英文）	限量值数值	限量值单位
9	丁氟螨酯	Cyflumetofen	软枣猕猴桃	Hardy kiwifruit	0.6	ppm
10	嘧菌环胺	Cyprodinil	毛绒猕猴桃	Fuzzy kiwifruit	1.8	ppm
11	嘧菌环胺	Cyprodinil	软枣猕猴桃	Hardy kiwifruit	3	ppm
12	溴氰菊酯	Deltamethrin	毛绒猕猴桃	Fuzzy kiwifruit	0.2	ppm
13	苯醚甲环唑	Difenoconazole	软枣猕猴桃	Hardy kiwifruit	4	ppm
14	二甲吩草胺	Dimethenamid	软枣猕猴桃	Hardy kiwifruit	0.01	ppm
15	烯酰吗啉	Dimethomorph	软枣猕猴桃	Hardy kiwifruit	3	ppm
16	乙螨唑	Etoxazole	软枣猕猴桃	Hardy kiwifruit	0.5	ppm
17	甲氰菊酯	Fenpropathrin	软枣猕猴桃	Hardy kiwifruit	5	ppm
18	胺苯吡菌酮	Fenpyrazamine	软枣猕猴桃	Hardy kiwifruit	3	ppm
19	氟虫双酰胺（别名：氟虫酰胺）	Flubendiamide	软枣猕猴桃	Hardy kiwifruit	2	ppm
20	咯菌腈（别名：咯菌酯）	Fludioxonil	猕猴桃	Kiwifruit	20	ppm
21	咯菌腈（别名：咯菌酯）	Fludioxonil	软枣猕猴桃	Hardy kiwifruit	2	ppm
22	丙炔氟草胺	Flumioxazin	软枣猕猴桃	Hardy kiwifruit	0.02	ppm
23	氟吡菌酰胺	Fluopyram	软枣猕猴桃	Hardy kiwifruit	2	ppm
24	氟吡呋喃酮	Flupyradifurone	软枣猕猴桃	Hardy kiwifruit	3	ppm
25	粉唑醇	Flutriafol	软枣猕猴桃	Hardy kiwifruit	1.5	ppm
26	氟唑菌酰胺（别名：氟苯吡菌胺）	Fluxapyroxad	软枣猕猴桃	Hardy kiwifruit	2	ppm
27	吡虫啉	Imidacloprid	软枣猕猴桃	Hardy kiwifruit	1.5	ppm
28	茚嗪氟草胺	Indaziflam	软枣猕猴桃	Hardy kiwifruit	0.01	ppm
29	异菌脲	Iprodione	猕猴桃	Kiwifruit	0.5	ppm
30	灭蚁灵	Mandestrobin	软枣猕猴桃	Hardy kiwifruit	5	ppm
31	甲霜灵	Metalaxyl	毛绒猕猴桃	Fuzzy kiwifruit	0.1	ppm
32	甲氧虫酰肼	Methoxyfenozide	软枣猕猴桃	Hardy kiwifruit	0.6	ppm
33	苯菌酮	Metrafenone	软枣猕猴桃	Hardy kiwifruit	4.5	ppm

序号	指标名称（中文）	指标名称（英文）	产品名称（中文）	产品名称（英文）	限量值数值	限量值单位
34	亚胺硫磷	Phosmet	猕猴桃	kiwifruit	1	ppm
35	哒螨灵（别名：速螨酮）	Pyridaben	软枣猕猴桃	Hardy kiwifruit	2	ppm
36	嘧霉胺（别名：二甲嘧菌胺）	Pyrimethanil	软枣猕猴桃	Hardy kiwifruit	5	ppm
37	吡丙醚（别名：蚊蝇醚）	Pyriproxyfen	毛绒猕猴桃	Fuzzy kiwifruit	0.4	ppm
38	吡丙醚（别名：蚊蝇醚）	Pyriproxyfen	软枣猕猴桃	Hardy kiwifruit	0.4	ppm
39	稀禾定（别名：拿扑净）	Sethoxydim	软枣猕猴桃	Hardy kiwifruit	0.2	ppm
40	乙基多杀菌素	Spinetoram	软枣猕猴桃	Hardy kiwifruit	0.5	ppm
41	螺虫乙酯	Spirotetramat	软枣猕猴桃	Hardy kiwifruit	1.3	ppm
42	螺虫乙酯	Spirotetramat	猕猴桃	kiwifruit	0.2	ppm
43	氟啶虫胺腈	Sulfoxaflor	软枣猕猴桃	Hardy kiwifruit	2	ppm
44	虫酰肼	Tebufenozide	猕猴桃	kiwifruit	0.5	ppm
45	氟醚唑（别名：四氟醚唑）	Tetraconazole	软枣猕猴桃	Hardy kiwifruit	0.2	ppm
46	噻虫嗪（别名：阿克泰）	Thiamethoxam	软枣猕猴桃	Hardy kiwifruit	0.2	ppm
47	乙烯菌核利（别名：乙烯菌合利；免克宁；烯菌酮）	Vinclozolin	猕猴桃	kiwifruit	10	ppm
48	异氟米松（别名：异丙噻菌胺）	Isofetamid	软枣猕猴桃	Hardy kiwifruit	10	ppm
49	唑螨酯	Fenpyroximate	软枣猕猴桃	Hardy kiwifruit	1	ppm
50	氟氯苯菊酯（别名：噻螨酮）	Hexythiazox	软枣猕猴桃	Hardy kiwifruit	1	ppm
51	异氟米松（别名：异丙噻菌胺）	Isofetamid	软枣猕猴桃	Fuzzy kiwifruit	10	ppm
52	吡喃酮	Pyriofenone	软枣猕猴桃	Fuzzy kiwifruit	1.5	ppm
53	吡喃酮	Pyriofenone	软枣猕猴桃	Hardy kiwifruit	1.5	ppm

序号	指标名称（中文）	指标名称（英文）	产品名称（中文）	产品名称（英文）	限量值数值	限量值单位
54	喹氧灵	Quinoxyfen	软枣猕猴桃	Hardy kiwifruit	2	ppm
55	磺酰唑草酮（别名：甲磺草胺）	Sulfentrazone	软枣猕猴桃	Fuzzy kiwifruit	0.15	ppm
56	磺酰唑草酮（别名：甲磺草胺）	Sulfentrazone	软枣猕猴桃	Hardy kiwifruit	0.15	ppm
57	环溴虫酰胺	Cyclaniliprole	软枣猕猴桃	Hardy kiwifruit	0.8	ppm
58	吡啶氟美芬(别名: 氟唑菌酰羟胺)	Pydiflumetofen	软枣猕猴桃	Hardy kiwifruit	1.5	ppm

美国对入境猕猴桃农药残留限量

序号	指标名称（中文）	指标名称（英文）	产品名称（中文）	产品名称（英文）	限量值数值	限量值单位
1	腈嘧菌酯(别名: 嘧菌酯)	Azoxystrobin	矮生浆果，亚组 13-07G，除了蔓越橘	Berry, low growing, subgroup 13-07G, except cranberry	10	ppm
2	氟酮唑草(别名: 唑草酮)	Carfentrazone-ethyl	猕猴桃	Kiwifruit	0.1	ppm
3	毒死蜱	Chlorpyrifos	猕猴桃	Kiwifruit	2	ppm
4	环氟菌胺	Cyflufenamid	矮生浆果，亚组 13-07G，除了蔓越橘	Berry, low growing, subgroup 13-07G, except cranberry	0.2	ppm
5	嘧菌环胺	Cyprodinil	矮生浆果，亚组 13-07G，除了蔓越橘	Berry, low growing, subgroup 13-07G, except cranberry	5	ppm
6	嘧菌环胺	Cyprodinil	猕猴桃	Kiwifruit	1.8	ppm
7	二嗪磷(别名: 二嗪农)	Diazinon	猕猴桃	Kiwifruit	0.75	ppm
8	呋虫胺	Dinotefuran	矮生浆果，第 13-07H 亚组，草莓除外	Berry, low growing, except strawberry, subgroup 13-07H	0.2	ppm
9	吲哚羧酸酯(别名: 环酰菌胺)	Fenhexamid	采后猕猴桃	Kiwifruit, postharvest	15	ppm

序号	指标名称（中文）	指标名称（英文）	产品名称（中文）	产品名称（英文）	限量值数值	限量值单位
10	氟虫酰胺（别名：氟虫双酰胺）	Flubendiamide	矮生浆果，亚组 13-07G，除了蔓越橘	Berry, low growing, subgroup 13-07G, except cranberry	1.5	ppm
11	咯菌腈（别名：咯菌酯）	Fludioxonil	矮生浆果，亚组 13-07G，除了蔓越橘	Berry, low growing, subgroup 13-07G, except cranberry	3	ppm
12	咯菌腈（别名：咯菌酯）	Fludioxonil	带毛猕猴桃	Kiwifruit, fuzzy	20	ppm
13	氟化合物（别名：氟化物）	Fluorine compounds	猕猴桃	Kiwifruit	15	ppm
14	氟吡呋喃酮	Flupyradifurone	矮生浆果，亚组 13-07G，除了蔓越橘	Berry, low growing, subgroup 13-07G, except cranberry	1.5	ppm
15	氟吡呋喃酮	Flupyradifurone	浆果，除了蔓越橘，亚组 13-07G	Bushberry, except cranberry subgroup 13–07B	4	ppm
16	氯吡脲	Forchlorfenuron	猕猴桃	Kiwifruit	0.04	ppm
17	茚虫威（别名：恶二唑虫）	Indoxacarb	矮生浆果，第 13-07H 亚组，草莓除外	Berry, low growing, except strawberry, subgroup 13-07H	1	ppm
18	异菌脲	Iprodione	猕猴桃	Kiwifruit	10	ppm
19	杀扑磷	Methidathion	猕猴桃	Kiwifruit	0.1	ppm
20	甲氧虫酰肼	Methoxyfenozide	矮生浆果，亚组 13-07G，除了蔓越橘	Berry, low growing, subgroup 13-07G, except cranberry	2	ppm
21	草萘胺（别名：敌草胺）	Napropamide	猕猴桃	Kiwifruit	0.1	ppm
22	氨磺乐灵（别名：安磺灵；消草磺灵）	Oryzalin	猕猴桃	Kiwifruit	0.05	ppm
23	乙氧氟草醚（别名：氟硝草醚）	Oxyfluorfen	猕猴桃	Kiwifruit	0.05	ppm
24	氯菊酯（别名：苄氯菊酯）	Permethrin	猕猴桃	Kiwifruit	2	ppm
25	亚胺硫磷	Phosmet	猕猴桃	Kiwifruit	25	ppm

序号	指标名称（中文）	指标名称（英文）	产品名称（中文）	产品名称（英文）	限量值数值	限量值单位
26	百克敏（别名：吡唑醚菌酯；唑菌胺酯）	Pyraclostrobin	矮生浆果，亚组 13-07G，除了蔓越橘	Berry, low growing, subgroup 13-07G, except cranberry	1.2	ppm
27	螺虫乙酯	Spirotetramat	矮生浆果，第 13-07H 亚组，草莓除外	Berry, low growing, except strawberry, subgroup 13-07H	0.3	ppm
28	虫酰肼	Tebufenozide	猕猴桃	Kiwifruit	0.5	ppm
29	氟醚唑（别名：四氟醚唑）	Tetraconazole	矮生浆果，亚组 13-07G，除了蔓越橘	Low growing berry subgroup 13-07G, except cranberry	0.25	ppm
30	噻虫嗪（别名：阿克泰）	Thiamethoxam	矮生浆果，亚组 13-07G，除了蔓越橘	Berry, low growing, subgroup 13-07G, except cranberry	0.3	ppm
31	特富灵（别名：氟菌唑）	Triflumizole	矮生浆果，亚组 13-07G，除了蔓越橘	Berry, low growing, subgroup 13-07G, except cranberry	2	ppm
32	氟吡菌酰胺	Fluopyram	矮生浆果，除了蔓越橘，亚组 13-07G	Berry, low growing, except cranberry, subgroup 13-07G	2	ppm
33	吡丙醚（别名：蚊蝇醚）	Pyriproxyfen	矮生浆果，第 13-07H 亚组，草莓除外	Berry, low growing, except strawberry, subgroup 13-07H	1	ppm
34	吡丙醚（别名：蚊蝇醚）	Pyriproxyfen	小型攀藤类水果，除葡萄，亚组 13-07E	Fruit, small, vine climbing, except grape, subgroup 13-07E	0.35	ppm
35	稀禾定（别名：拿扑净）	Sethoxydim	矮生浆果，亚组 13-07H，草莓除外	Berry, low growing, subgroup 13-07H, except strawberry	2.5	ppm
36	乙基多杀菌素	Spinetoram	矮生浆果，亚组 13-07G，除了蔓越橘	Berry, low growing, subgroup 13-07G, except cranberry	0.9	ppm
37	啶酰菌胺	Boscalid	矮生浆果，亚组 13-07G，除了蔓越橘	Berry, low growing, subgroup 13-07G, except cranberry	4.5	ppm
38	玉嘧磺隆（别名：砜嘧磺隆）	Rimsulfuron	矮生浆果，第 13-07H 亚组，草莓除外	Berry, low growing, except strawberry, subgroup 13-07H	0.02	ppm

序号	指标名称（中文）	指标名称（英文）	产品名称（中文）	产品名称（英文）	限量值数值	限量值单位
39	琥珀酸脱氢酶（别名：异丙噻菌胺）	Isofetamid	小型攀藤类水果，除葡萄，亚组13-07E	Fruit, small vine climbing, except grape, subgroup 13-07E	10	ppm
40	ES-生物丙烯菊酯	Esfenvalerate	猕猴桃	kiwifruit	0.5	ppm
41	百草枯	Paraquat	猕猴桃	kiwifruit	0.05	ppm

参考文献

[1] 北京农业大学，华南农业大学，福建农学院，河南农业大学. 果树昆虫学[M]. 北京：农业出版社，1992.

[2] 蔡志勇，陈惠敏，黄仲凯，等. 猕猴桃黑斑病病原菌生物学特性及其防治的研究 [J]. 福建林业科技，1997, 24(2): 23-27.

[3] 代英，唐小强，任君芳，等. 阿坝州红阳猕猴桃主要病虫害及防治方法 [J]. 四川林业科技，2016, 37(3): 145-148.

[4] 丁建，龚国淑，周洪波，等. 猕猴桃病虫害原色图谱 [M]. 北京：科学出版社，2013.

[5] 高日霞，陈景耀. 中国果树病虫原色图谱 南方卷[M]. 北京：中国农业出版社，2011.

[6] 高小宁，赵志博，黄其玲，等. 猕猴桃细菌性溃疡病研究进展 [J]. 果树学报，2012, 29(2): 262-268.

[7] 洪晓月，丁锦华. 农业昆虫学 [M]. 北京：中国农业出版社，2002.

[8] 黄秀兰，崔永亮，徐菁，等. 猕猴桃种质材料对褐斑病抗性评价 [J]. 植物病理学报，2018, 48(5): 711-715.

[9] 姜景魁，高日霞，林尤剑. 中华猕猴桃黑斑病的研究 [J]. 果树科学，1995, 12(3): 182-184.

[10] 刘永生，瞿学清. 猕猴桃害虫猩红小绿叶蝉生物学及防治 [J]. 植物保护，1995, 21(2): 27-28.

[11] 吕佩珂，苏慧兰，高振江. 猕猴桃 枸杞 无花果病虫害防治原色图鉴 [M]. 北京：化学工业出版社，2014.

[12] 宋晓彬，张学武，马松涛. 猕猴桃根癌病病原与发病规律研究 [J]. 林业科学研究，2002, 15(5): 599-603.

[13] 宋晓斌，王培新，张星耀，等. 陕西猕猴桃病虫害发生与危害的调查分析 [J]. 西北林学院学报，1998, 13(3): 79-84.

[14] 王朝政，方雪晴，崔永亮，等. 猕猴桃褐斑病药剂防控研究 [J]. 西南农业学报，2016(29): 127-131.

[15] 王朝政，孔向雯，崔永亮，等 . 猕猴桃褐斑病病菌的寄主范围研究 [J]. 西南农业学报，2016.29: 122-126.

[16] 王筠皓，杨文辉 . 猕猴桃常见病虫害种类及综合防治 [J]. 植物医生，2011, 24(3): 16-18.

[17] 忻介六 . 农业螨类学 [M]. 北京：农业出版社，1988.

[18] 中国农业百科全书总编辑委员会 . 中国农业百科全书，植物病理学卷 [M]. 北京：中国农业出版社，1996.

[19] 周程爱，邹建掬，彭俊彩 . 猕猴桃主要害虫—椰圆盾蚧的生物学特性及其防治 [J]. 昆虫知识，1993, 30(1): 18-20.

[20] 朱晓湘，方炎祖，廖新光 . 猕猴桃溃疡病病原研究 [J]. 湖南农业科学，1993, (6): 31-33.

[21] Bhardwaj P, Ram R, Zaidi A A, et al. Characterization of apple stem grooving virus infecting *Actinidia deliciosa* (kiwi) in India[J]. Scientia Horticulturae, 2014, 176: 105-111.

[22] Biccheri R. Detection and molecular characterization of viruses infecting *Actinidia* spp. [D].Università di Bologna, Italy, 2015.

[23] Blouin A G, Chavan R R, Pearson M N, et al. Detection and characterisation of two novel vitiviruses infecting *Actinidia*[J]. Archives of Virology, 2012, 157(4): 713-722.

[24] Blouin A G, Pearson M N, Chavan R R, et al. Viruses of kiwifruit (*Actinidia* species)[J]. Journal of Plant Pathology, 2013, 95(2): 221-235.

[25] Carstens E B. AcMNPV as a model for baculovirus DNA replication[J]. Virologica Sinica, 2009, 24(4): 243.

[26] Chavan R R, Blouin A G, Daniel Cohen. Characterization of the complete genome of a novel citrivirus infecting *Actinidia chinensis*[J]. Archives of Virology, 2013, 158(8): 1679-1686.

[27] Cho S E , Park J H , Lee S K , et al. First report of powdery mildew caused by *Phyllactinia actinidiae* on hardy kiwi in Korea[J]. Plant Disease. 2014. 98(10): 1436.

[28] Clover G, Pearson M N, Elliott D R, et al. Characterization of a strain of apple

stem grooving virus in *Actinidia chinensis* from China[J]. Plant Pathology, 2010, 52(3): 371-378.

[29] Cui Y L, Gong G S, Yu X M, et al. First report of brown leaf spot on kiwifruit caused by *Corynespora cassiicola* in Sichuan, China[J]. Plant Disease. 2015, 99(5): 725-726.

[30] Hayashi M & Okada T. A new typhlocybine leafhopper (Homoptera: Cicadellidae) feeding on kiwi-fruit[J]. Applied Entomology and Zoology.1994, 29(2): 267-271.

[31] Huang X L, Zheng X J, Xu J, et al. First report of brown leaf spot on honeysuckle caused by *Corynespora cassiicola* in China[J]. Plant Disease, 2016, 100(11): 2326-2328.

[32] Liu P, Xue S Z, He R, et al. *Pseudomonas syringae* pv. *actinidiae* isolated from non-kiwifruit plant species in China[J]. European Journal of Plant Pathology, 2016, 145(4): 1-12.

[33] Meeboon J, Kokaew J, Takamatsu S. Notes on powdery mildews (Erysiphales) in Thailand VI. *Phyllactinia* and *Leveillula*[J]. Mycological Progress, 2018. 56: 590-596.

[34] Pei Y G , Tao Q J , Zheng X J , et al. Phenotypic and genetic characterization of *Botrytis cinerea* population from kiwifruit in Sichuan Province, China[J]. Plant Disease, 2019, 103(4): 748-758.

[35] Siska A.S.S, Iman H, Kartini K, et al. *Phyllactinia poinsettiae* sp. nov.: A new species of powdery mildew on poinsettia from Indonesia[J]. Mycoscience, 2015. 56(6): 580-583.

[36] Vanneste J L, Moffat B J, Oldham J M. Survival of *Pseudomonas syringae* pv. *actinidiae* on *Cryptomeria japonica*, a non-host plant used as shelter belts in kiwifruit orchards[J]. New Zealand Plant Protection, 2013, 65: 1-7.

[37] Wang Y, Yang Z, Wang G, et al. First report of the tospovirus tomato necrotic spot associated virus infecting kiwifruit (*Actinidia* sp.) in China[J]. Plant Disease, 2016, 100 (12): 2539-2540.

[38] Wang Y, Zhuang H, Yang Z, et al. Molecular characterization of an apple stem

grooving virus isolate from kiwifruit (*Actinidia chinensis*) in China[J]. Canadian Journal of Plant Pathology, 2017, 40(1): 1-8.

[39] Xu J , Wang C Z, Fang L, et al. First report of powdery mildew caused by *Phyllactinia actinidiae* on kiwifruit in Sichuan, China[J]. Plant Disease. 2017.101(6): 1033.

[40] Xu J, Qi X B, Zheng X J, et al. First report of *Corynespora* leaf spot on sweet potato caused by *Corynespora cassiicola* in Sichuan, China[J]. Plant Disease, 2016, 100(11): 2163-2165.

[41] Zhao L, Yang W, Zhang Y L, et al.Occurrence and molecular variability of kiwifruit viruses in *Actinidia deliciosa* ‘Xuxiang’ in the Shanxi Province of China[J]. Plant Disease. 2018, 103(6): 1309-1318

[42] Zhao Z B, Gao X N, Yang D H, et al. Field detection of canker-causing bacteria on kiwifruit trees: *Pseudomonas syringae* pv. *actinidiae* is the major causal agent[J]. Crop Protection, 2015, 75: 55-62.

[43] Zheng X J, Qi X B, Xu J, et al. First report of *Corynespora* leaf spot of blueberry caused by *Corynespora cassiicola* in Sichuan, China[J]. Plant Disease. 2015, 99(11): 1651-1652.

[44] Zheng X J, Xu J , Huang X L, et al. First report of leaf spot of hyacinth bean caused by *Corynespora cassiicola* in Sichuan, China[J]. Plant Disease, 2015, 100(6): 1235-1236.

[45] Zheng Y Z, Zhou J F, Yang Z K, et al. First report of *Actinidia* virus A and *Actinidia* virus B on kiwifruit in China[J]. Plant Disease, 2014, 98(11): 1590-1590.

[46] Zheng Y, Navarro B, Wang G, et al. *Actinidia* chlorotic ringspot-associated virus: A novel emaravirus infecting kiwifruit plants[J]. Molecular Plant Pathology, 2016, 18(4): 569-581.

[47] Zhou Y, Gong G S, Cui Y L , et al. Identification of Botryosphaeriaceae causing kiwifruit rot in Sichuan Province, China[J]. Plant Disease.2015, 99(5): 699-708.